ALGEBRA PARA EL CBC - PARTE 1

AF882496

ASIMOV

ALGEBRA

Para el CBC

PARTE 1

* VECTORES EN R2 Y R3
* MATRICES
* DETERMINANTES
* ESPACIOS VECTORIALES

Algebra para el CBC, Parte 1
- 2da edición. - Buenos Aires: Editorial Asimov, 2010

160 p.; 21x27 cm.
ISBN: 978-987-23462-0-1

Algebra para el CBC : parte I - 2a ed. - Buenos Aires :
Asimov, 2010.
v. 1, 160 p. ; 20x28 cm.

ISBN 978-987-23462-0-1

1. Algebra. I. Título
CDD 512

Fecha de catalogación: 08/03/2007

2da edición. Tirada: 100 ejemplares.
Se terminó de imprimir en agosto de 2010

¿ Ves algo en este libro que no está bien ?
¿ Hay algo que te parece que habría que cambiar ?
¿ Encontraste algún error ?
¿ Hay algo mal explicado ?

Mandame un mail y lo corrijo.

www.asimov.com.ar

OTROS APUNTES ASIMOV

* EJERCICIOS RESUELTOS DE LA GUIA DE ALGEBRA.
Son todos los ejercicios de la guía resueltos y explicados

* PARCIALES RESUELTOS
Son parciales que fueron tomados el año pasado. Hay también parciales de años anteriores. Todos los ejercicios están resueltos.

* FINALES DE ALGEBRA RESUELTOS

* LIBRO ANALISIS PARA EL CBC

* LIBRO FISICA PARA EL CBC

* LIBRO QUIMICA PARA EL CBC

ALGEBRA PARA EL CBC

Hola. Bienvenido a álgebra, la materia más difícil del CBC. Este no es el libro oficial de la cátedra. Este es un libro que escribí yo junto con otros docentes. Lo hicimos a nuestra manera siguiendo el programa de la materia álgebra del CBC. La idea es que puedas estudiar si te perdiste una clase, si tenés que dar el final o si te tocó un docente medio-medio. En principio lo que pongo acá sirve principalmente para las carreras de exactas, ingeniería y ciencias económicas de la UBA. Pero álgebra es álgebra en todos lados. Perfectamente podés usar este librito si estás cursando en una universidad privada, en la UTN, o en alguna facultad del interior. Incluso si alguna vez viajás afuera, te llevarás una sorpresa al descubrir que lo que ellos estudian allá, es lo mismo que vos estudiás acá. No hay magia. Algebra es álgebra .

Vamos a unas cosas importantes: Por favor recordá que saber álgebra es **SABER RESOLVER EJERCICIOS**. Está perfecto que quieras leer teoría, pero no te olvides de agarrar la guía de TP y hacerte todos los problemas. Y no sólo eso. Conseguite parciales y finales viejos y resolvelos todos. Esta materia se aprende haciendo ejercicios. Tenés ejercicios en la guía de TP de la cátedra. Tenés parciales y finales viejos para bajar de página de Asimov:

www.asimov.com.ar

Ahora, vamos a esto otro: es cierto que álgebra de CBC es difícil. Pero atención. Recién vas a ver lo que es una materia realmente difícil cuando entres a la facultad. Si seguís Ingeniería te toparás con 2 monstruos gigantescos: Álgebra II y Análisis II. Si seguís Química te toparás también con Análisis II, con las Orgánicas, con las inorgánicas y las FQ. Si seguís computación te toparás con Análisis II, Algoritmos II y otras. Una vez que curses estas materias en los años que vengan, recordarás con una sonrisa el haber pensado que el CBC era un filtro y que álgebra de CBC era una materia difícil. (Esto no es mala onda. Esto **es así**).

Vamos a esto: ¿ Por que cuesta tanto entender álgebra ? Rta: Hay 2 motivos básicos:

1 - Vos hiciste un secundario que en la práctica casi ni existió. No te explicaron nada. No te enseñaron nada. No tenés el nivel suficiente para ponerte a cursar álgebra. No se puede entender álgebra si no se sabe matemática antes.

Salvo algunos pocos colegios que se salvan, el secundario no existe como entidad educativa. Te engañaron. Te hicieron creer que te estaban enseñando algo. Pues te mintieron, che. **El secundario no existe**. El verdadero secundario existía en la época de tu abuelo. Ahí se aprendía. Ahora el secundario, fue.

2 - La rapidez con la que se dan los temas en álgebra es tan grande, que tu cabeza **no tiene tiempo de procesar la información**. Tu cerebro se tilda, lo mismo que le pasa a la computadora cuando le pedís que ejecute 20 tareas al mismo tiempo. Simplemente uno no puede asimilar tanta información en tan poco tiempo y colapsa.

¿ Pero entonces qué hago ?! ¿ Cómo superar todo esto ?! ¿ Está todo perdido ?!
Rta: Bueno, no está todo perdido. O sea, casi. Pero hay una salida. Es muy simple: Tenés que estudiar. Estudiar como un salvaje. Tenés que hacerlo por varios motivos. Por un lado, tenés que aprobar la materia. Pero por otro lado, el año que viene vas a tener materias más difíciles que álgebra. Y para entender estas materias, vas a tener razonar en forma parecida a como lo hiciste en álgebra de CBC.

Pero también hay una cosa: Matarte estudiando no te va a venir mal. Después de que apruebes el final te vas a dar cuenta de que ya no sos el mismo de antes. Vas a ser un hombre nuevo. Un ser pensante. Notarás esto que te digo cuando hables con tus viejos amigos de la secundaria. Dirás: ¿ Pero a estos que les pasa ? ¿ Son tontos o se hacen ? ¿ Qué pasó acá ?
Rta: No, ellos no son tontos. Ellos son los mismos de siempre. **VOS** cambiaste. Ellos se quedaron en el pasado. En cambio vos sos una persona que aprobó álgebra de CBC. No es lo mismo.

Resumiendo: No hay salida. La materia va rápido. Ellos explican poco. No hay tiempo. Imposible seguirles el ritmo. Encima vos venís con poco nivel matemático... Solo te queda estudiar como un salvaje.
Así son las cosas, amigo. Bienvenido a la Universidad de Buenos Aires.

Por último: ¿ Te fue mal ? ¿ Tenés que recursar ? Bueno. No es terrible, che. Es lo normal. No pasa nada. Cursala de nuevo y sacate mil.

Por cualquier consulta o sugerencia entrá a la página y mandame un mail. Y sino vení a verme directamente a mi. Los chicos saben donde encontrarme.

SUERTE EN EL EXAMEN !

Índice

Pág.

1............Vectores en R2 y en R3

4..................Operaciones con vectores
8 Módulo y Norma de un vector
11..................Producto escalar
16 Producto Vectorial
20..................Rectas
22 Intersección de Rectas
25..................Angulo entre Rectas
27 Planos
31..................Planos paralelos – Intersección entre planos
32 Intersección entre un plano y una recta
34..................Distancia de un punto a un plano
36 Ejercicios de parciales

43............Sist. lineales - Matrices

44..................Sistemas compatibles e incompatibles
45 Sistemas Lineales Homogéneos
46..................Matrices
47 Tipos de Matrices
48..................Propiedades de los sistemas lineales
51 Método de Gauss
53..................Rango de una Matriz
53 Sistemas Li y Ld
55..................Operaciones entre Matrices
58 Inversa de una Matriz
61..................Ejercicios de parciales

71............Determinantes

72....................Determinante de una matriz cuadrada
74 Propiedades de los determinantes
75....................Desarrollo por cofactores
76 Cálculo del determinante de una matriz usando cofactores
78....................Regla de Cramer
78 Matriz de cofactores y matriz adjunta
79....................Solución única
82 Ejercicios de parciales

85............Espacios Vectoriales

88....................Definición de Espacio Vectorial
91 Combinación Lineal
93....................Dependencia e Independencia lineal
102 Subespacios
106....................Subespacios generados
109 Base y dimensión de un Subespacio
113....................Coordenadas de un vector en una base
118 Matriz de cambio de base
120....................Propiedades de la matriz de cambio de base
121 Unión, Intersección y Suma de Subespacios
126....................Suma directa
127 Extensión de bases
130....................Producto Interno
131 Angulo entre vectores
134....................Complemento Ortogonal
135 Proyección Ortogonal
137....................Coordenadas en una base ortonormal
139 Ejercicios de parciales

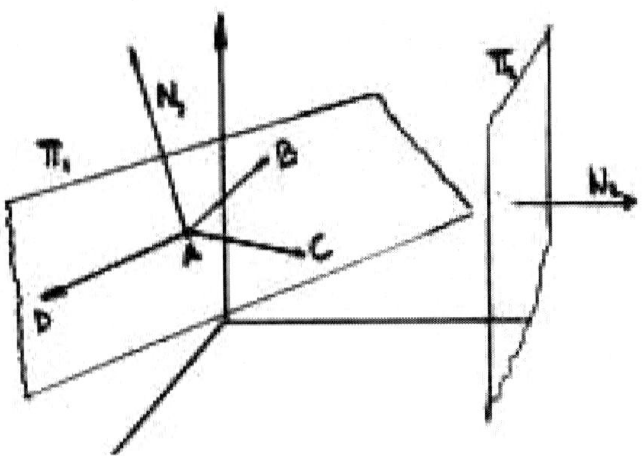

VECTORES EN R^2 Y R^3.

Vectores es un tema medianamente simple, pero uno de los más importantes en todo lo que sea álgebra lineal. Por eso es lo primero que vemos.

- ¿ Por qué son tan importantes los vectores ?
- Porque se usan mucho. Acordate que la matemática no es otra cosa que una herramienta para resolver problemas reales de física. Y muchos de estos problemas (casi todos) se resuelven mucho más fácil con vectores. Hasta ahora venimos resolviendo problemas físicos donde solamente aparecen **magnitudes escalares**.
- ¿Ehhhhh? ¿Qué es eso?

Por ejemplo, las distancias y los tiempos son magnitudes escalares. Si me preguntan cuánto tarda una maceta en caerse desde un séptimo piso yo respondo 12 segundos. Y si me preguntan a qué distancia llega una bala de cañón yo respondo 5 kilómetros. ¿Qué tienen en común esas dos respuestas?
Fijate que las dos incluyen un número (o sea un escalar) y una unidad (segundos, kilómetros); y nada más. Eso significa que, si nos pusiéramos todos de acuerdo en usar una sola unidad (por ejemplo, si midiéramos los tiempos en segundos), hace falta un solo número para que la respuesta sea completa: la maceta tarda 12 (segundos) en caer.

A eso se le llama magnitud escalar, cuando solamente hace falta un escalar para dar la información completa. Algunos ejemplos son las distancias, los tiempos, la temperatura, las masas, y muchos más.

Pero para otras magnitudes no alcanza con un solo escalar. Imaginate esta situación: estás en tu casa y le preguntás a tu hermano donde está el control remoto y te contesta: "a 3 metros". Lo querés matar, porque eso no te dice dónde está el control remoto: hay muchos lugares que están a 3 metros. La respuesta correcta sería "3 metros a tu izquierda"

O sea que para dar una posición, además de un número hace falta una dirección. Por eso decimos que la posición es una **magnitud vectorial**.
Y pasa lo mismo con muchas magnitudes físicas: velocidades, fuerzas, ...
Bueno, ahora que tenemos una idea de qué es un vector, veamos una definición.

Definición. Un vector en R^2 o en R^3 es una "flecha" entre dos puntos, uno llamado **origen** y otro llamado **extremo** que lo determinan completamente. (o sea, que si fijamos el origen y el extremo, hay un solo vector entre esos dos puntos).

Los vectores tienen tres tristes características principales:

- **Módulo o Norma**: de alguna forma nos dice cuánto mide el vector. Por eso, también se lo llama la longitud del vector.
- **Dirección**: nos dice sobre qué recta está ubicado el vector. Por ejemplo, si es vertical u horizontal.
- **Sentido**: esto no tiene secreto, es exactamente lo que dice el nombre: nos dice si la "flecha" apunta para adelante o para atrás (o para arriba - abajo)

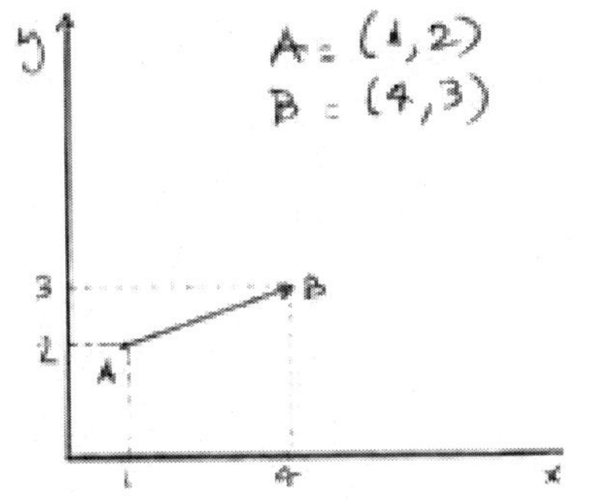

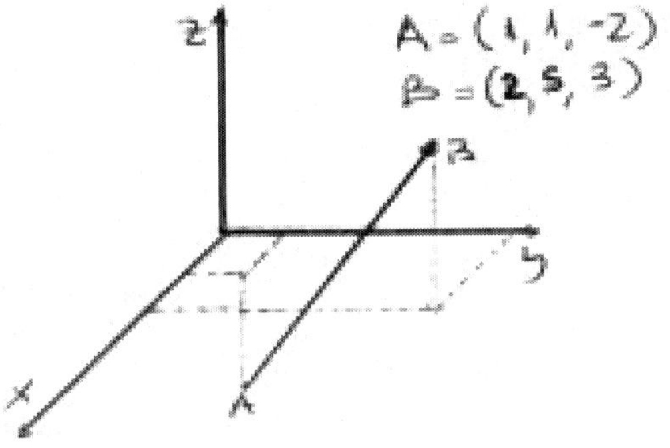

Como vimos en la definición, para decir cuánto vale un vector, tenemos que dar el origen y el extremo. Así, por ejemplo, el vector AB es el que tiene origen en el punto A y extremo en el punto B

Una aclaración de notación: la flecha arriba de AB quiere decir que es un vector. Esto es muy importante, para no confundirse: si no tuviera flecha arriba, AB significa: la recta que pasa por los puntos A y B.

Muchas veces, en vez de usar una flecha arriba, lo que se hace para indicar que es un vector es escribirlo en "negrita", así: **AB** es lo mismo que AB.

A veces también es cómodo ponerle un nombre a los vectores. Así, en vez de llamarlos por el origen y el extremo, decimos que **AB** es el vector **v**.

<u>Vectores equivalentes</u>.

Se dice que dos vectores son equivalentes si tienen el mismo módulo, la misma dirección y el mismo sentido.

- ¿Pero, si tienen todo eso iguales, no son el mismo vector?
- No, acordate que cada vector viene definido por su origen y su extremo.

Mejor te muestro un ejemplo gráfico:

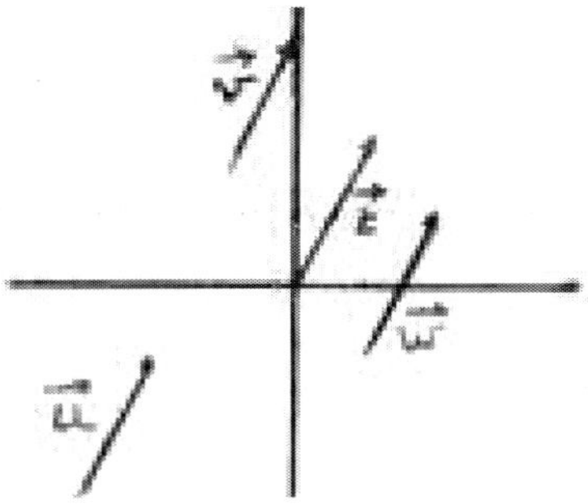

Los vectores **u**, **v**, **w** y **z** son equivalentes. No tiene el mismo origen ni extremos, pero fijate que lo longitud, dirección y sentido son iguales

- ¿Sirven de algo los vectores equivalentes?
- Sí, porque muchas veces lo único que nos interesa de un vector es su longitud, dirección y sentido. Entonces, para ese caso es como si fueran todos iguales, y me puedo manejar con cualquier de los cuatro vectores.
  Lo más cómodo siempre es trabajar con vectores que tengan su origen en el centro de coordenadas, o sea en el (0,0) si estamos en R^2 o el (0,0,0) si estamos hablando de R^3.
- ¿Y por qué es más cómodo eso?
- Bueno .... La idea es que si todos nos ponemos de acuerdo y ponemos el origen de todos los vectores en un mismo punto (en el 0), solamente necesitamos decir cuál es el extremo para definir al vector. O sea, podemos dar un solo punto en vez de dos.

Por eso, es lo mismo hablar del punto P que del vector **OP** (en realidad, como el origen ya sabemos que es el **O**, podemos llamarlo directamente vector **P**).

Entonces, por ejemplo el vector **v** = (3,2) es aquel con origen en **O** y extremo en el punto **P** = (3,2). En R^3 es exactamente lo mismo.

- ¿Cómo hago para darme cuenta si dos vectores son equivalentes?
- Muy fácil. La idea es buscar el equivalente de cada uno con origen en el O y ver si son iguales. O sea, fijate en el gráfico:

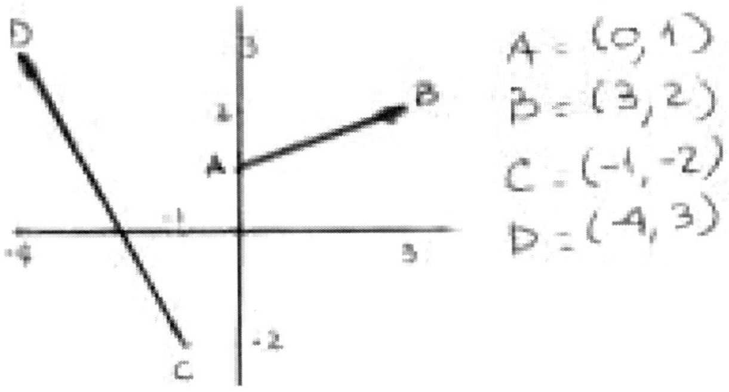

- Bueno, a ojo se ve que los vectores **AB** y **CD** no son equivalentes, porque no tienen la misma dirección, y uno es más largo que el otro.
- Sí, en este caso se ve muy fácil en el dibujo. ¿Pero no hay ninguna forma, haciendo cuentas en vez de graficando?
- Sí, para eso buscamos los equivalentes con origen en el O.
- ¿Y cómo se hace eso?
- Muy simple, todo lo que hay que hacer es restar el extremo menos el origen, componente a componente. Fijate:

$$\mathbf{AB} = B - A = (3,2) - (0,1) \Rightarrow \mathbf{AB} = (3,1)$$

$$\mathbf{CD} = D - C = (-4,3) - (-1,2) \Rightarrow \mathbf{CD} = (-3\ ,\ 5)$$

Como no nos dio el mismo resultado, no son equivalentes.
Bueno, ahora que sabemos qué son los vectores equivalentes, solamente vamos a trabajar con vectores con origen en el **O**. Entonces, cada vector viene dado por un solo punto (el extremo).

OPERACIONES BÁSICAS CON VECTORES: SUMA Y PRODUCTO POR UN ESCALAR

Suma: si tenemos dos vectores de R^2: $\mathbf{v} = (v_1, v_2)$ y $\mathbf{w} = (w_1, w_2)$ se define la suma de **v** y **w** como:

$$\mathbf{v} + \mathrm{w} = (v_1 + w_1\ ,\ v_2 + w_2)$$

Nota: la operación de suma es cerrada: toma dos vectores y da como resultado algo del mismo tipo, o sea otro vector.

En R^3 es exactamente lo mismo, sumamos componente a componente. Esta operación de suma cumple con algunas propiedades muy importantes:

1) Es conmutativa, o sea que **u** + **v** = **v** + **u**

2) Es asociativa, o sea que (**u** + **v**) + **w** = **u** + (**v** + **w**)

3) Hay un elemento neutro, que es el vector **O** = (0,0,) en R^2 o **O** = (0,0,0) en R^3. Eso significa que **O** + **v** = **v** para cualquier vector **v**.

4) Hay un elemento inverso. O sea que a cualquier vector **v** le puedo sumar otro vector y que me de como resultado el **O**: **v** + (−**v**) = **O**

Estas propiedades no tienen mucho misterio. Fijate que son exactamente las mismas propiedades que tiene la suma entre dos números reales.
Eso es porque no estamos haciendo otra cosa que sumar números reales: la suma es componente a componente, y esos son números.

Formas gráficas de la suma: regla del paralelogramo y regla de la cadena.
Ya tenemos una fórmula para sumar dos vectores, pero también se puede hacer sin ninguna cuenta, de forma gráfica. Para eso hay dos métodos.

Método del paralelogramo.

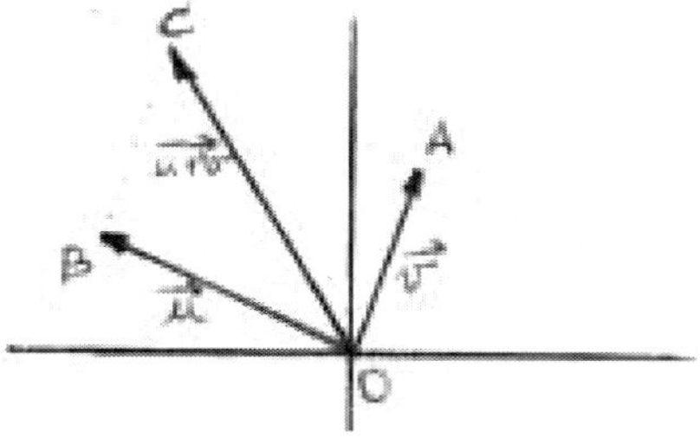

La idea es, a partir del extremo de uno de los vectores, trazar una recta paralela al otro. Si hacemos eso con los dos vectores, nos queda dibujado un paralelogramo, de vértices **O**,***A***,***C*** y **B**.
Bueno, la suma de **u** y **v** es igual a la diagonal ***OC*** del paralelogramo.

Este método está bueno, porque es muy simple; y podemos obtener la suma de dos vectores sin hacer ninguna cuenta. Pero tiene un solo defecto: solamente sirve para sumar de a dos vectores.

- ¿ Entonces, qué pasa si yo quiero sumar $\mathbf{v}_1 + \mathbf{v}_2 + \mathbf{v}_3 + \mathbf{v}_4 + \mathbf{v}_5$?
- Ya vimos antes que una de las propiedades de la suma es que es asociativa. Entonces, lo que se puede hacer es ir sumando los vectores de a 2. Pero eso es muy rebuscado. Por eso es que hay otro método gráfico:

Regla de la cadena.
Este método es mucho más simple, y es más general, porque sirve para sumar cualquier cantidad de vectores. Es una cosa así:

La idea es así: Lo que hay que hacer es poner un vector a continuación del otro. El resultado final lo tengo uniendo el origen del primer vector con la punta del último. También sirve para sumar dos vectores solos, y a mucha gente le resulta más cómodo que el método del paralelogramo

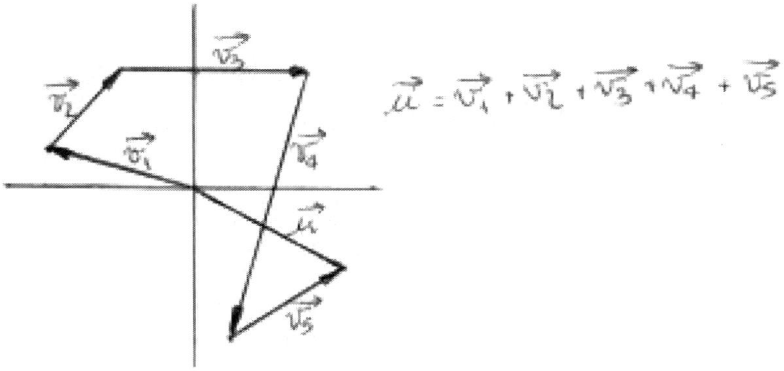

Producto por un escalar.

Antes que nada, aclaremos una cosa: un escalar es un número, o sea que estamos multiplicando un vector por número. Igual que en la suma, se define componente a componente. O sea que si **v** = (a,b) es un vector y k es un escalar, se define el producto entre k y **v** como:

$$k \,.\, \mathbf{v} = k \,.\, (a\,,b) = (k \,.\, a,\ k \,.\, b)$$

Esta operación tiene algunas propiedades básicas:

1) Es distributiva con la suma de vectores, o sea:

$$k \,.\, (\mathbf{u} + \mathbf{v}) = k \,.\, \mathbf{u} + k \,.\, \mathbf{v}$$

2) Es distributiva con la suma de escalares, o sea:

$$(k_1 + k_2) \,.\, \mathbf{v} = k_1 \,.\, \mathbf{v} + k_2 \,.\, \mathbf{v}$$

3) Es asociativa: $(k_1 \,.\, k_2) \,.\, \mathbf{v} = k_1 \,.\, (k_2 \,.\, \mathbf{v})$

4) k = 1 es el elemento neutro, o sea que $1 \,.\, \mathbf{v} = \mathbf{v}$

5) Si k = 0, $0 \,.\, \mathbf{v} = \mathbf{O}$ para cualquier vector **v**.

- ¿Tiene alguna interpretación geométrica el producto por un escalar?
- Rta: Sí. Mirá el gráfico:

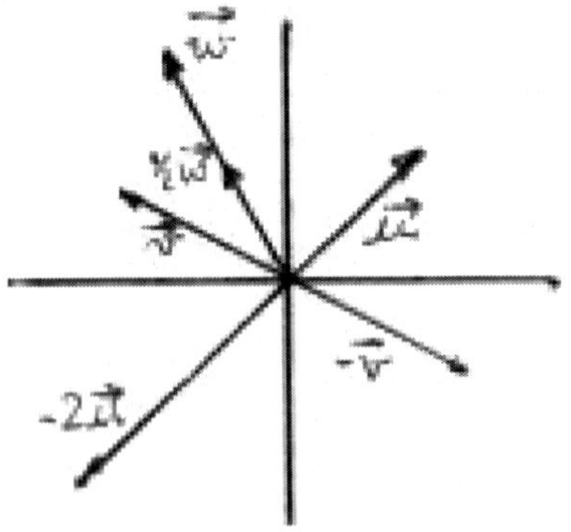

Fijate que cuando multiplicamos por un escalar, no cambia la dirección. O sea que el resultado es un vector paralelo al original. Esto es muy importante, acordátelo: si dos vectores son paralelos, uno es múltiplo del otro (o sea que puede multiplicarlo por un escalar y que me de como resultado el otro).

Entonces, si no cambia la dirección, lo único que puede cambiar es el módulo, y el sentido.

Por ejemplo, al calcular ½ . **w**, el resultado tiene el mismo sentido que **w**, pero se achicó el módulo (fijate que la flecha es más chica).
Y cuando calculamos -2 . **u**, cambió también el sentido. Hay una regla general:

- Si k es positivo, k . **v** tiene el mismo sentido que **v**
- Si k es negativo, k . **v** tiene sentido contrario a **v**.
- Si |k| > 1, k . **v** tiene mayor módulo que **v**
- Si |k| < 1, k . **v** tiene menor módulo que **v**
- Si |k| = 1 (o sea k = 1, ó k = -1), k . **v** tiene igual módulo que **v**.

Todavía no sabemos muy bien qué es el módulo de un vector, ni cómo se calcular. Lo único que sabemos es que de alguna forma nos dice cuán larga es la "flecha". Pero bueno, eso lo vamos a ver mejor después.

Ahora que ya sabemos sumar y multiplicar por un escalar, veamos un par de problemas típicos:

- Calcular el punto medio del segmento AB con A = (2, 3) y B = (-4 , 1)

Como siempre es mucho más fácil de resolver si primero hacemos un gráfico:

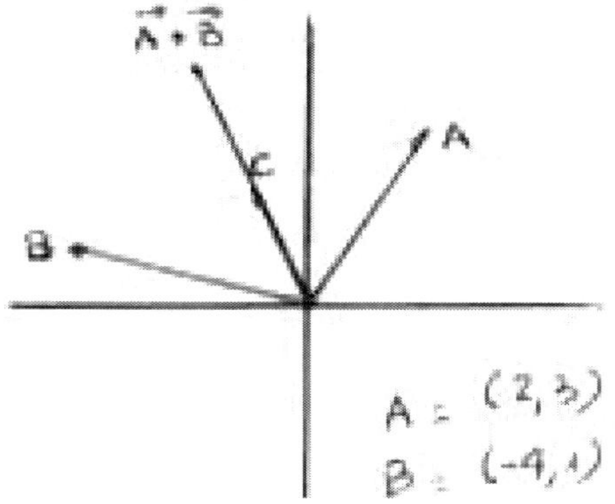

Fijate que el punto medio (C) es exactamente el punto donde se cruzan las dos diagonales del paralelogramo. Y, como una de las propiedades de los paralelogramos es que las diagonales se cortan en el mundo medio, podemos calcular el punto C como:

$$\mathbf{C} = \tfrac{1}{2} \cdot (\mathbf{A} + \mathbf{B})$$

Y esto no es otra cosa que una suma de dos vectores y un producto por un escalar. Bueno, hagamos las cuentas:

$$\mathbf{C} = \tfrac{1}{2} . [(2,3) + (-4,1)] = \tfrac{1}{2} . (-2 , 4) \Rightarrow \mathbf{C} = (-1,2)$$

- Encontrar un punto D tal que los vectores **AB** y **CD** sean paralelos, con:
  A = (3,0,1) ; B = (2,1,-2) ; C = (-2,-3,4)

Acordate que para que dos vectores sean paralelos, uno tiene que ser múltiplo del otro. Entonces, planteamos algo así:

$$\mathbf{AB} = k . \mathbf{CD} \quad \Rightarrow \quad B - A = k . (D - C)$$

- ¿Y cuánto vale k?
- Puede valer cualquier número real distinto de cero. Digo distinto de cero, porque sino nos quedaría que **AB** = **O**, y eso no es verdad. Entonces, si podemos elegir cualquier número, elegimos uno fácil: k = 1

$$B - A = D - C \quad \Rightarrow D = B - A + C$$

$$D = (2,1,-2) - (3,0,1) + (-2,-3,4) = (-3 , -2 , 1)$$

Y listo, encontramos una solución. Digo **UNA** solución porque hay muchas. Acordate que k podía valer cualquier número distinto de cero. Si tomamos k = 2, vamos a llegar a otro resultado, y las dos cosas están bien.

Módulo de un vector.
Acordate que dijimos que el módulo de un vector nos dice cuánto mide. Primero veamos el caso más fácil: en R^2. Fijate en el gráfico.

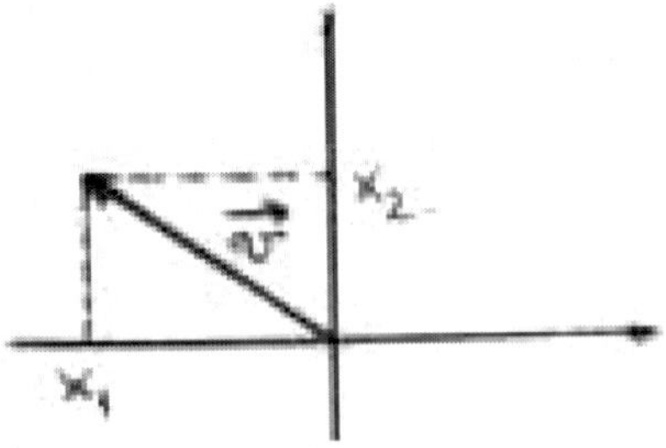

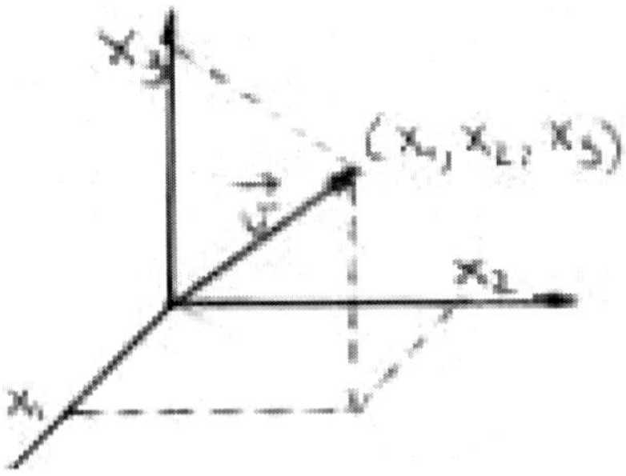

La norma de un vector **v** = (x_1, x_2) en R^2 se define como:

$$||\mathbf{v}|| = \sqrt{x_1^2 + x_2^2}$$

Y en R^3 es algo similar. La norma de **v** = (x_1 , x_2 , x_3) se define como:

$$||\mathbf{v}|| = \sqrt{x_1^{\ 2} + x_2^{\ 2} + x_3^{\ 2}}$$

En R^2 esto tiene bastante sentido, no es otra cosa que el Teorema de Pitágoras. (Pensalo). Entonces, la norma nos dice exactamente cuánto mide el vector.

En R^3 no es tan fácil de verlo; pero la norma es una extensión de Pitágoras a dimensiones más grandes (después vamos a ver que esto también vale para R^n).

Algunas propiedades importantes:

1) Como estamos calculando una raíz, la norma de un vector es siempre positiva o cero (o sea que no es negativa). Y el único caso en que puede valer cero es si $x_1 = x_2 = x_3 = 0$, o sea si el vector es el vector nulo. Esto lo escribimos así:

$$\text{Si } \mathbf{v} = \mathbf{O} \Rightarrow ||\mathbf{v}|| = 0 \quad ; \quad \text{Si } \mathbf{v} \neq \mathbf{O} \Rightarrow ||\mathbf{v}|| > 0$$

2) $||c \cdot \mathbf{v}|| = |c| \cdot ||\mathbf{v}||$

   Esto quiere decir que podemos sacar los escalares afuera de la norma, pero en módulo. O sea que da lo mismo si c es positivo o negativo., Una consecuencia de esto es que $||\mathbf{v}|| = ||(-1) \cdot \mathbf{v}|| = ||-\mathbf{v}||$

3) <u>Desigualdad triangular</u>: $||\mathbf{u} + \mathbf{v}|| \leq ||\mathbf{u}|| + ||\mathbf{v}||$

   El único caso en que son iguales es cuando **u** y **v** tienen la misma dirección y el mismo sentido. Sino, la norma de la suma es menor.

Veamos algunos ejemplos:

- $\mathbf{v_1} = (1,2,3) \Rightarrow ||\mathbf{v_1}|| = \sqrt{1^2 + 2^2 + 3^2} = \sqrt{14}$
- $\mathbf{v_2} = (-2,3,0) \Rightarrow ||\mathbf{v_2}|| = \sqrt{(-2)^2 + 3^2 + 0^2} = \sqrt{13}$
- $\mathbf{v_3} = (3,-1,3) \Rightarrow ||\mathbf{v_3}|| = \sqrt{3^2 + (-1)^2 + 3^2} = \sqrt{19}$

Fijate que $\mathbf{v_1} = \mathbf{v_2} + \mathbf{v_3}$, y se verifica la desigualdad triangular. Un caso particular, es el de los vectores de norma 1. Se los llama **versores,** porque, sirven para indicar una dirección. Si tenemos un vector **v**, puedo encontrar el versor que le corresponde como

$$\mathbf{w} = \frac{1}{||v||} \cdot \mathbf{v}$$

– ¿En serio? ¿Y **w** es un versor?

- Rta: Sí, porque fijate que tiene norma 1:

$$||\mathbf{w}|| = ||\frac{1}{\|v\|} \cdot \mathbf{v}|| = \frac{1}{\|v\|} \cdot ||\mathbf{v}|| \quad \Rightarrow \quad ||\mathbf{w}|| = 1 \quad \Rightarrow \mathbf{w} \text{ es un versor}$$

Los versores se usan mucho, y en particular los que dan las direcciones de los ejes (x,y) en R^2 o (x,y,z) en R^3. Esos tiene nombre propio:

- **i** es el versor del eje x
- **j** es el versor del eje y
- **k** es el versor del eje z

Pero acordate que los versores tienen, además de una dirección, un sentido. Decimos que **i** es el versor en el sentido positivo del eje x, y lo mismo con los demás.

Estos son los nombres más comunes, pero también hay veces que se los llama directamente **x**, **y** y **z**. Es lo mismo, es solo una cuestión de notación.

Estos tres versores nos sirven para escribir cualquier vector de R^3 (en R^2 es lo mismo) como una suma de tres vectores. Veamos un ejemplo:

$$(2,1,5) = 2 \cdot \mathbf{i} + 1 \cdot \mathbf{j} + 5 \cdot \mathbf{k}$$

2 es la primera componente, o sea la componente del eje x. Por eso es que lo multiplicamos por el versor del eje x. Y lo mismo con los demás.

Esto parece que no sirve para nada, pero a veces es más fácil hacer cuentas, con los vectores escritos así como suma en vez de cómo una terna de números.

Interpretación de la norma como distancia.

Esto es algo parecido a lo que pasa con los números reales: el módulo de un número es su distancia al cero, por eso nunca es negativo

Bueno, con los vectores también es algo así: dijimos que la norma de un vector es su longitud, entonces es igual a la distancia entre el origen y el extremo.
Si siempre tomamos el origen en el **O**, entonces la norma de un vector es la distancia de ese punto al **O**. Veamos algún ejemplo:

- Hallar todos los puntos $X = (x_1, x_2)$ tal que $||X - (2,1)|| = {}^3/_2$.

Bueno, una forma de resolver esto es calcular la norma como la raíz, y resolver la ecuación. Pero también hay otra forma que es más gráfica y más fácil.

Como la norma significa algo así como distancia; estamos buscando todos los puntos X que están a una distancia $^3/_2$ del punto (2,1). O sea, es una cosa así:

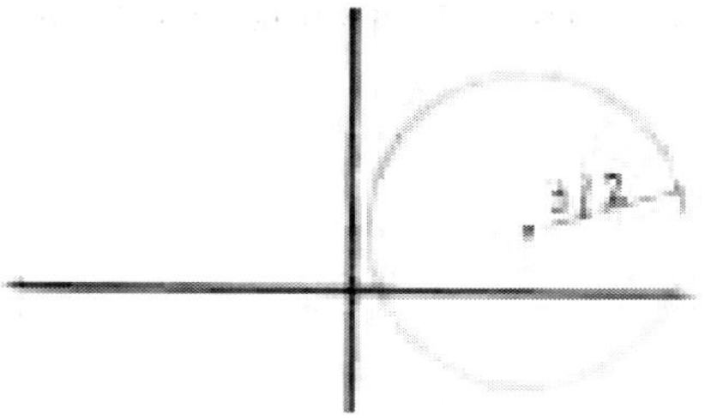

- ¿ Y si fuera lo mismo pero en R^3?
- Bueno, es lo mismo: todos los puntos que están a esa distancia de ese punto. La única diferencia es que, en vez de formar una circunferencia forman una esfera.

- Calcular la distancia entre los puntos A = (1,0,2) y B = (-3,2,-2)

Como dijimos antes, la distancia es igual a la norma del vector que une esos dos puntos. Entonces, la cuenta que tenemos que hacer es:

$$d(A,B) = ||B - A|| = ||(4,-2,4)|| = \sqrt{4^2 + (-2)^2 + 4^2} = 6$$

<u>PRODUCTO ESCALAR ENTRE VECTORES</u> (PRODUCTO INTERNO)

Esta es una operación nueva, que no tiene nada que ver con las que vimos antes. En realidad hay muchos tipos de productos internos posibles (eso lo vamos a ver bien en el capítulo de espacios vectoriales), pero por ahora solamente vamos a ver el más común, el que se usa casi siempre.

En R^2, se define el producto escalar entre los vectores **v** = (v_1, v_2) y **w** = (w_1, w_2) como:

$$\mathbf{v} \cdot \mathbf{w} = v_1 \cdot w_1 + v_2 \cdot w_2$$

<u>Nota</u>: fijate que el resultado de este producto es un número. Por eso se lo llama producto escalar. Hay que tener cuidado con la notación que se usa: el símbolo es el mismo que el del producto común entre números: solamente un punto. Por eso, siempre conviene acordarse de escribir la flechita sobre los vectores, o marcarlos en negrita, para no confundirse. A veces también se usa un punto gordo para marcar que es un producto escalar entre dos vectores.

En R^3 es exactamente lo mismo. Si **v** = (v_1, v_2, v_3) y **w** = (w_1, w_2, w_3):

$$\mathbf{v} \cdot \mathbf{w} = v_1 \cdot w_1 + v_2 \cdot w_2 + v_3 \cdot w_3$$

Veamos algunas propiedades del producto escalar, que salen directo de la definición:

1) Fijate que $\mathbf{v} \cdot \mathbf{v} = ||\mathbf{v}||^2$

Esto que parece poco importante te va a servir mucho cuando veas otros tipos de productos internos (claro, este que vimos recién no es el único que existe, solamente es el más común) en alguna otra materia: la norma se define a partir del producto interno, pero ya nos estamos yendo de tema

2) Es conmutativo, o sea que $\mathbf{v} \cdot \mathbf{w} = \mathbf{w} \cdot \mathbf{v}$

3) También es distributivo con la suma: $\mathbf{u} \cdot (\mathbf{v} + \mathbf{w}) = \mathbf{u} \cdot \mathbf{v} + \mathbf{u} \cdot \mathbf{w}$

4) Es asociativo con el producto por escalares: $k \cdot (\mathbf{v} \cdot \mathbf{w}) = (k \cdot \mathbf{v}) \cdot \mathbf{w}$

Estas son las propiedades más básicas. También hay un propiedad muy importante, llamada la Desigualdad de Cauchy - Schwarz, que dice así:

$$|\mathbf{v} \cdot \mathbf{w}| \leq ||\mathbf{v}|| \cdot ||\mathbf{w}||$$

Esta propiedad es muy importante, porque se cumple para cualquier producto interno. La demostración general es bastante rebuscada, pero te muestro la demostración para el caso particular del producto escalar que usamos nosotros. Para eso, nos conviene hacer esta cuenta:

$$(||\mathbf{v}|| \cdot ||\mathbf{w}||)^2 - (\mathbf{v} \cdot \mathbf{w})^2$$

Hagamos el caso fácil, donde **v** y **w** son vectores de R^2. $\mathbf{v} = (v_1, v_2)$ y $\mathbf{w} = (w_1, w_1)$. Si estuviéramos trabajando en R^3 es algo muy parecido.

$$(||\mathbf{v}|| \cdot ||\mathbf{w}||)^2 - (\mathbf{v} \cdot \mathbf{w})^2 = (v_1^2 + v_2^2) \cdot (w_1^2 + w_2^2) - (v_1 \cdot w_1 + v_2 \cdot w_2)^2 =$$

$$v_1^2 \cdot w_1^2 + v_2^2 \cdot w_2^2 + v_1^2 \cdot w_2^2 + v_2^2 \cdot w_1^2 - (v_1^2 \cdot w_1^2 + v_2^2 \cdot w_2^2 + 2 \cdot v_1 \cdot w_1 \cdot v_2 \cdot w_2) =$$

$$v_1^2 \cdot w_2^2 + v_2^2 \cdot w_1^2 - 2 \cdot v_1 \cdot w_1 \cdot v_2 \cdot w_2 =$$

$$(v_1 \cdot w_2 - v_2 \cdot w_1)^2$$

Y esto, no sé cuanto da, pero seguro que es positivo o cero, porque es el cuadrado de un número real, y eso nunca puede dar negativo. Entonces:

$$(||\mathbf{v}|| \cdot ||\mathbf{w}||)^2 - (\mathbf{v} \cdot \mathbf{w})^2 \geq 0 \quad \Rightarrow \quad (||\mathbf{v}|| \cdot ||\mathbf{w}||)^2 \geq (\mathbf{v} \cdot \mathbf{w})^2$$

$$||\mathbf{v}|| \cdot ||\mathbf{w}|| \geq |\mathbf{v} \cdot \mathbf{w}|$$

Y listo, acabamos de demostrar la desigualdad. Te muestro esta demostración para que vayas aprendiendo como se hacen este tipo de cosas que aparecen a cada rato.

Fijate que empezamos calculando algo que, en principio, parecía que no servía nada. Bueno, muchas veces es así. Las demostraciones siempre salen con algún truco: calculo algo porque sé que así funciona. Ya te vas a ir dando cuenta solo a medida que hagas muchos ejercicios.

- Y de qué sirve esa desigualdad?
- Nos sirve para hacer una interpretación geométrica del producto escalar. El ángulo a entre dos vectores v y w se puede calcular como el valor de α entre 0 y 180 grados que cumple que:
-

$$\cos\alpha = \frac{v \bullet w.}{\| v \| \cdot \| w \|}$$

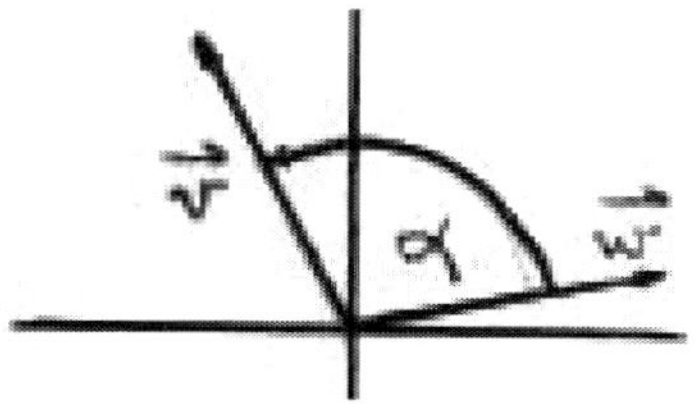

Y si no fuera por la desigualdad de Cauchy-Schwarz no podríamos hacer esta interpretación con el ángulo
- Por qué?
- Porque gracias a esa propiedad sabemos que esa división va a dar como resultado un número entre -1 y 1; y entonces va a haber un único valor de a que cumpla con esa ecuación.
- ¿ Sí ? ¿Y qué pasa si fuera cos α = 3, por ejemplo?
- Bueno, eso no tiene solución, porque el seno y el coseno siempre dan como resultado un número entre -1 y 1.

Con esta interpretación del ángulo, encontramos otra forma de calcular el producto escalar. Simplemente, despejando de esa última expresión:

$$\mathbf{v} \cdot \mathbf{w} = ||\mathbf{v}|| \cdot ||\mathbf{w}|| \cdot \cos\alpha$$

Entonces, si conocemos el ángulo podemos calcular el producto escalar, y al revés también. Así queda bien claro, veamos algunos ejemplos:

- Calcular el ángulo entre **v** = (1,2) y **w** = (-2,1)

Esto es fácil, todo lo que hay que hacer es usar la fórmula anterior:

$$\cos\alpha = \frac{v \bullet w.}{\| v \| . \| w \|}$$

Fijate que nos queda **v** . **w** = 0 $\Rightarrow \cos\alpha = 0 \Rightarrow \alpha = 90°$

Esto quiere decir que son perpendiculares. Y sí, fijate en el gráfico.

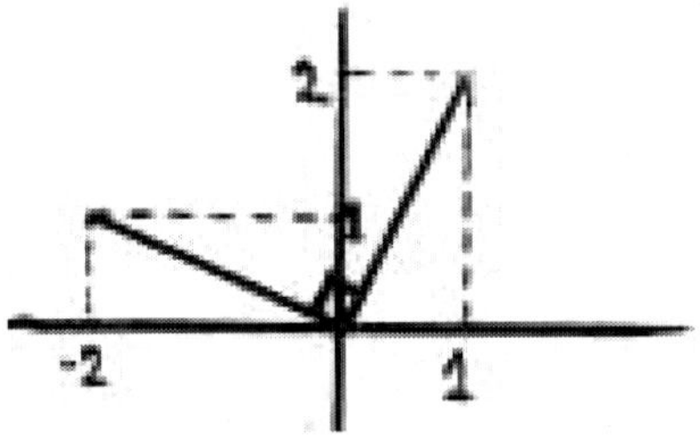

Pero en el idioma del álgebra no se dice perpendiculares, sino que decimos que **v** y **w** son **ortogonales**. Quiere decir exactamente lo mismo, pero bueno, a los matemáticos les gusta usar palabras rebuscadas (más adelante vas a ver por qué). Es más, si los vectores son ortogonales y además tienen ambos norma uno (o sea son versores), decimos que son **ortonormales**.

- Encontrar un vector **w** = (w_1,w_2,w_3) de norma 4 que forme un ángulo de 60° con **u** = (1,0,0) y un ángulo de 120° con **v** = (0,1,0).

Veamos, acá tenemos tres incógnitas: w_1, w_2 y w_3, y nos dan tres condiciones que tienen que cumplir. Vamos de a una:

- Sabemos que forma un ángulo de 60 grados con u, o sea:

$$\cos(60°) = \frac{u \bullet w.}{\| u \| . \| w \|}$$

$$0{,}5 = \frac{(1,0,0) \bullet (w_1, w_2, w_3).}{\| (1,0,0) \| . \| (w_1, w_2, w_3) \|} \quad \Rightarrow \quad 0{,}5 = w_1 / 4 \quad \Rightarrow w_1 = 2$$

- También sabemos el ángulo que forma con **v**:

$$\cos(120°) = \frac{v \bullet w.}{\| v \| . \| w \|}$$

$$-0{,}5 = \frac{(0,1,0) \bullet (w_1, w_2, w_3).}{\| (0,1,0) \| . \| (w_1, w_2, w_3) \|} \quad \Rightarrow \quad -0{,}5 = w_2 / 4 \quad \Rightarrow \quad w_2 = -2$$

Ahora solamente nos falta calcular w_3. Para eso usamos el dato de la norma. Para no tener que andar haciendo cuentas con raíces, mejor elevamos la norma al cuadrado, y nos queda algo así:

$$||\mathbf{w}|| = 4 \quad \Rightarrow \; ||\mathbf{w}||^2 = 16 \quad \Rightarrow \quad w_1^2 + w_2^2 + w_3^2 = 16$$

$$2^2 + (-2)^2 + w_3^2 = 16 \quad \Rightarrow w_3^2 = 8$$

Acá hay que tener cuidado, porque hay dos soluciones. O sea, hay dos valores de w_3 que elevados al cuadrado dan como resultado 8: $w_3 = \sqrt{8}$ y $w_3 = -\sqrt{8}$.

Como no nos dicen nada en especial del vector **w** podemos elegir cualquiera de los dos resultado: nos quedamos con el positivo. Entonces, el resultado es:

$$w = (2\ ,\ -2\ ,\ \sqrt{8}) = 2\ .\ (1,\ -1,\ \sqrt{2})$$

En este ejercicio llegamos a dos soluciones posibles. Pero hay ejercicios donde hay más todavía. Por ejemplo, si nos dan solamente dos condiciones:

- Encontrar los vectores $\mathbf{w} = (w_1,w_2,w_3)$ ortogonales a $\mathbf{v} = (0,0,1)$ y de norma 2.

Como **w** es ortogonal a **v**, tenemos que $\mathbf{w}\ .\ \mathbf{v} = w_3 = 0$.

Y también sabemos que la norma de w es 2, o sea que:

$$||\mathbf{w}|| = 2 \Rightarrow \quad ||\mathbf{w}||^2 = w_1^2 + w_2^2 + w_3^2 = 4$$

Como ya sabemos cuánto vale w_3, esta ecuación nos queda:

$$w_1^2 + w_2^2 = 4$$

Hay infinitas soluciones, porque hay muchas combinaciones de w_1 y w_2 que cumplen con esa ecuación. Pero como solamente nos piden un vector, elegimos una solución cualquiera, por ejemplo $w_1 = 0$, $w_2 = 2$.

$$\Rightarrow \quad \mathbf{w} = (0,2,0)$$

PRODUCTO VECTORIAL EN R^3

En R^3 existe otro tipo de producto entre vectores además del escalar: Se llama " Producto vectorial ". Cuando decís " multiplico dos vectores de R^3 " tenés que aclarar cuál de los dos productos usás.

- ¿Te vas dando una idea de cómo funciona este nuevo producto?
- El otro se llama producto escalar y da como resultado un número (escalar).
- Bueno, entonces me imagino que éste da como resultado un vector.
- Exacto.

Si $\mathbf{v} = (v_1,v_2,v_3)$ y $\mathbf{w} = (w_1,w_2,w_3)$ son dos vectores de R^3, se define el producto vectorial entre ellos como:

$$\mathbf{v} \times \mathbf{w} = (v_2 \,.\, w_3 - v_3 \,.\, w_2 \,;\, v_3 \,.\, w_1 - v_1 \,.\, w_3 \,;\, v_1 \,.\, w_2 - v_2 \,.\, w_1)$$

Por más feo que parezca, esto es simplemente un fórmula. Si te la acordás, podés calcular cualquier producto escalar. Veamos un ejemplo:

- Calcular $\mathbf{v} \times \mathbf{w}$ con $v = (1,2,0)$ y $w = (3,-2,-1)$

Todo lo que hay que hacer es meter los números en la fórmula y hacer las cuentas:

$$\mathbf{v} \times \mathbf{w} = (2 \,.\, 3 - 0 \,.\, (-2) \,;\; 0 \,.\, 3 - 1 \,.\, (-1) \,;\, 1 \,.\, (-2) - 2 \,.\, (-1))$$

$$\Rightarrow \mathbf{v} \times \mathbf{w} = (6 \,;\, 1 \,;\, 0)$$

Sí, ya sé, esto no es muy complicado, todo lo que hay que hacer es meter números en una fórmula. El único problema es que esa fórmula es bastante complicada para acordársela. Hay otra forma. Podemos calcular el producto vectorial entre v y w como el determinante de la matriz:

$$\begin{pmatrix} i & j & k \\ v_1 & v_2 & v_3 \\ w_1 & w_2 & w_3 \end{pmatrix}$$

Más adelante vamos a ver bien cómo se calculan los determinantes. Por ahora, solamente te voy diciendo que en este caso, lo podemos calcular multiplicando en tres números diagonal: las diagonales hacia la derecha van sumando, y hacia la izquierda van restando. Entonces nos queda así:

$$\mathbf{v} \times \mathbf{w} = (v_2 \,.\, w_3 - v_3 \,.\, w_2)\, \mathbf{i} \;+ (v_3 \,.\, w_1 - v_1 \,.\, w_3)\, \mathbf{j} + (v_1 \,.\, w_2 - v_2 \,.\, w_1)\, \mathbf{k}$$

Fijate que es lo mismo que la fórmula anterior, pero es más fácil acordarse.

Este producto tiene unas cuantas propiedades:

1) A diferencia de todo lo que vinimos viendo hasta ahora, no es conmutativo. O sea que no es lo mismo **v** x **w** que **w** x **v**. Bueno, pero tampoco es tan grave, la única diferencia es que tienen distinto signo:

$$\mathbf{v} \times \mathbf{w} = -(\mathbf{w} \times \mathbf{v})$$

2) Es distributivo con la suma de vectores, a izquierda y a derecha:

$$\mathbf{u} \times (\mathbf{v} + \mathbf{w}) = \mathbf{u} \times \mathbf{v} + \mathbf{u} \times \mathbf{w} \quad \text{y} \quad (\mathbf{u} + \mathbf{v}) \times \mathbf{w} = \mathbf{u} \times \mathbf{w} + \mathbf{v} \times \mathbf{w}$$

3) Es asociativo con el producto por escalares:

$$(k \,.\, \mathbf{v}) \times \mathbf{w} = k \,.\, (\mathbf{v} \times \mathbf{w})$$

4) **v** x **v** = O para cualquier vector **v**

5) Todas las propiedades anteriores se pueden ver muy fácil a partir de la definición. Esta última propiedad no es tan obvia, y es la más importante:

v x **w** es ortogonal a **v** y a **w**

O sea que el producto vectorial es una forma de encontrar vectores ortogonales. Ahora cierra más el porqué a alguien se le ocurrió usar esa fórmula extraña: porque sirve para algo. Entonces, ahora sabemos resolver problemas del estilo:

- Encontrar un vector **w** que sea ortogonal a **u** = (1,1,1) y **v** = (-2,0,3)

Todo lo que hay que hacer es el producto vectorial entre **u** y **v**, o sea:

$$\mathbf{w} = \mathbf{u} \times \mathbf{v} = (1,1,-1) \times (-2,0,3) = (3,-5,2)$$

- ¿Y ese es el único?
- No, fijate que cualquier vector que sea paralelo a **w** también es ortogonal a **u** y a **v**. O sea, que ese resultado lo podemos multiplicar por cualquier número (que no sea 0), y también es solución. Pero como solamente nos piden uno, no nos hacemos problema

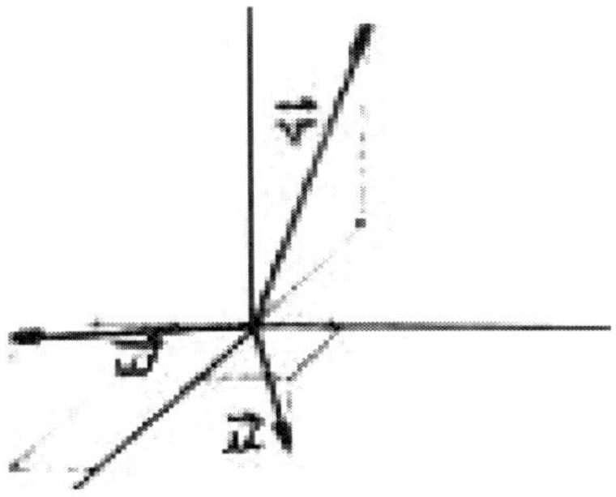

Esto también se puede hacer de otra forma: usando el producto escalar. Queremos que **w** sea ortogonal a **u** y a **v**. O sea, que se cumplan las dos ecuaciones:

$$\mathbf{w} \cdot \mathbf{u} = 0 \quad \text{y} \quad \mathbf{w} \cdot \mathbf{v} = 0$$

$$(w_1,w_2,w_3) \cdot (1,1,-1) = 0 \quad \text{y} \quad (w_1,w_2,w_3) \cdot (-2,0,3) = 0.$$

$$w_1 + w_2 - w_3 = 0 \quad \text{y} \quad -2 \cdot w_1 + 3 \cdot w_3 = 0$$

Acá tenemos dos ecuaciones con tres incógnitas. Esto no es muy complicado de resolver pero sí es más difícil que calcular el producto vectorial. Justamente para eso se inventó el producto vectorial, para no tener que hacer tantas cuentas.

Como en el producto escalar, hay una relación con el ángulo entre los vectores. Es una cosa así:

$$\|\mathbf{u} \times \mathbf{v}\| = \|\mathbf{u}\| \times \|\mathbf{v}\| \cdot |\text{sen}\alpha|$$

O sea que para $\|\mathbf{u}\|$ y $\|\mathbf{v}\|$ fijos, el producto vectorial es máximo cuando $\alpha = 90°$ y es mínimo cuando $\alpha = 0°$. Es exactamente al revés que en el producto escalar

A partir de esta relación con el ángulo, sabemos que $\|\mathbf{u} \times \mathbf{v}\|$ es igual al área del paralelogramo de lados **u** y **v**. Mirá el gráfico:

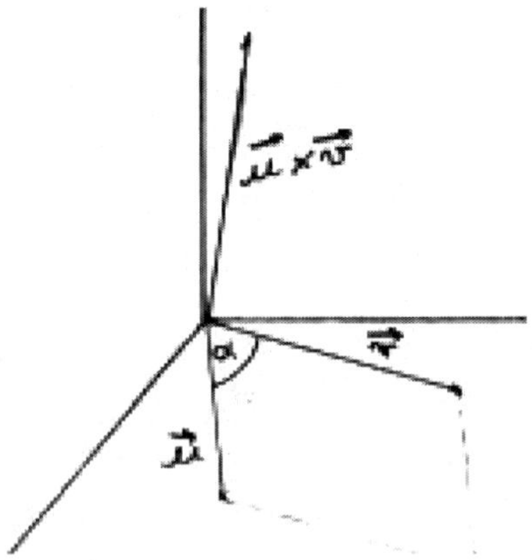

Claro, el área del paralelogramo la podemos calcular como base por altura. La base mide $\|\mathbf{v}\|$, y la altura mide $\|\mathbf{u}\| \cdot |\text{sen}\alpha|$ (acá hay que usar módulo porque no sabemos si el seno es positivo o negativo, y no nos puede quedar nunca una altura negativo). Entonces nos queda:

$$\text{Área} = \|\mathbf{u}\| \cdot \|\mathbf{v}\| \cdot |\text{sen}\alpha| = \|\mathbf{u} \times \mathbf{v}\|$$

Veamos un ejemplo:

- Calcular el área del triángulo de vértices A = (0,2,-1); B = (0,0,1) y C = (-3,2,0)

Bueno, antes que nada hagamos un dibujito:

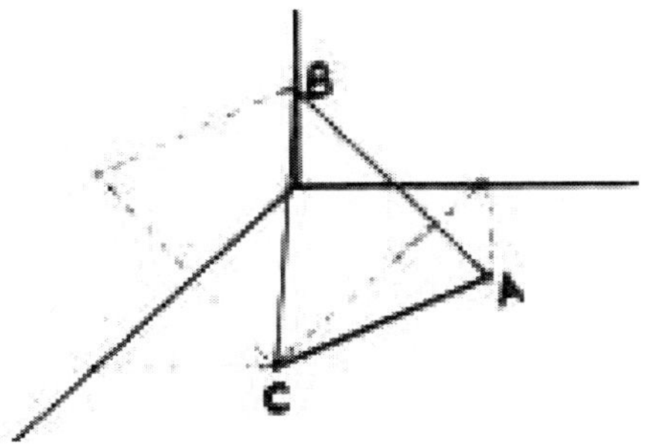

Podemos calcular el área del triángulo como la mitad del área del paralelogramo de lados **AB** y **AC**. O sea que:

$$\text{Área triángulo} = \tfrac{1}{2} \cdot ||\mathbf{AB} \times \mathbf{AC}||$$

Entonces, lo primero que hay que hacer es encontrar esos dos vectores y después hacer el producto vectorial:

$$\mathbf{AB} = B - A = (0,0,1) - (0,2,-1) = (0,-2,2)$$

$$\mathbf{AC} = C - A = (-3,2,0) - (0,2,-1) = (-3,0,1)$$

Ahora calculamos el producto vectorial:

$$\mathbf{AB} \times \mathbf{AC} = (0,-2,2) \times (-3,0,1) = (-2,-6,-6) = -2 \cdot (1,3,3)$$

Bueno, lo único que nos falta es calcular el módulo de este vector:

$$||-2. (1,3,3)|| = 2 \cdot ||(1,3,3)|| = 2 \cdot \sqrt{1^2 + 3^2 + 3^2} = 2 \cdot \sqrt{19}$$

$$\text{Área triángulo} = \tfrac{1}{2} \cdot 2 \cdot \sqrt{19} \Rightarrow \text{Área triángulo} = \sqrt{19}$$

Bueno, ya vimos bastante sobre los vectores: qué son, qué operaciones se pueden hacer... Ahora pasemos a otra cosa, veamos qué interpretación geométrica tienen los vectores.

Rectas

Vos sabés lo que es una recta, lo venís viendo desde la primaria. Pero viste que en álgebra siempre hace falta una definición formal para que no haya lugar a confusiones. ¿Se te ocurre algo?

- Y ... podemos decir que una recta es una línea que no tiene ni extremo ni origen; bueno... la definición que nos dieron en la primaria
- Mmmm... eso está bien como para empezar a tener idea de qué es una recta. Pero ahora que sabemos un poco de vectores, y de la ubicación de los puntos en R^2 y R^3, con los ejes x,y,z, y todo eso, podemos dar una definición más completa. Es algo así: una recta es un conjunto de puntos que están alineados
- ¿Y qué significa que unos puntos estén alineados?
- Decimos que los puntos A,B y C están alineados si los vectores **AB** y **BC** son paralelos. Fijate en el gráfico:

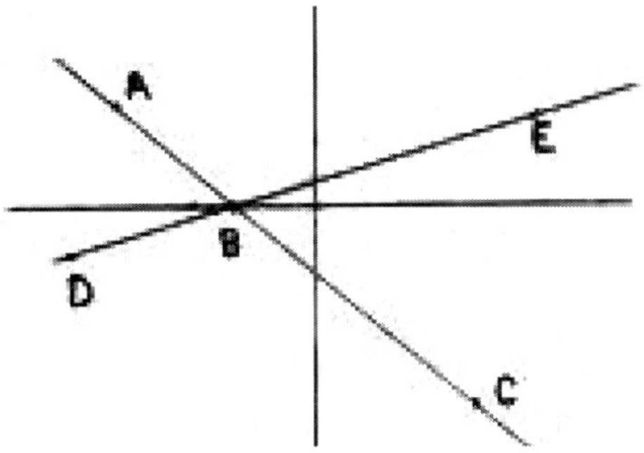

Los puntos A,B y C están alineados. Por eso están en la misma recta. Lo mismo pasa con los puntos B,D y E. De acuerdo a la definición que vimos recién, para fijarme si el punto D está en la misma recta que A,B y C tengo que fijarme si está alineado, o sea si **AD** // **AB** (esto significa que **AD** es paralelo a **AB**)
Como eso no se cumple, D no está en la misma recta que A,B y C.

- Bueno, eso lo podíamos ver fácil en el gráfico.
- Sí, pero también lo podemos hacer sin ningún gráfico, solamente haciendo cuentas. Y eso es muy importante, porque hoy en día todas estas cosas se pueden hacer con computadoras, que las únicas cuentas que hacen son sumar y multiplicar.

Bien, ya sabemos cómo fijarnos si un punto está o no en una recta. Ahora veamos qué pinta tienen todos los puntos X que están en una recta.

Dijimos que para que X esté en la misma recta que A y B, tiene que ser:

AX // AB

Y, como vimos antes, para que dos vectores sean paralelos, uno tiene que ser múltiplo del otro. Entonces nos queda una cosa así:

$$X - A = k\,.\,\mathbf{AB} \quad \Rightarrow \quad X = k\,.\,\mathbf{AB} + A$$

En realidad, acá tendríamos que haber sido un poco más cuidadosos. En principio, k no puede valer 0. Pero fijate que no hay problema, porque nos queda X = A, y ese es un punto de la recta.

Por lo general, a las rectas se les da nombre con una letra mayúscula, y a **AB** se lo llama vector director de la recta. Entonces nos queda algo así:

$$L = \{(x,y) \in R^2 \text{ tal que } (x,y) = k\,.\,\mathbf{v} + A \text{ donde k es un número real}\}$$

Esa es la definición precisa de la recta L, que tiene la dirección del vector **v** y pasa por el punto A. A esta expresión se la llama **forma paramétrica** de la recta L, porque todo queda definido a partir del parámetro k: si voy cambiando el valor de k, encuentro nuevos puntos de la recta. Veamos un par de ejemplos:

- Encontrar la forma paramétrica de la recta que pasa por (1,0,2) y (0,0,1)

En R^3 es exactamente lo mismo que en R^2: primero tenemos que encontrar el vector director de la recta, restando esos dos puntos:

$$\mathbf{v} = (1,0,2) - (0,0,1) \quad \Rightarrow \quad \mathbf{v} = (1,0,1)$$

Y listo, esa es la parte difícil del problema. Porque lo otro que necesitamos es un punto de la recta, y eso ya lo tenemos: podemos elegir cualquiera de los dos que nos dan. Si elegimos el primero, nos queda:

$$L = \{(x,y,z) \in R^3 \text{ tal que } (x,y,z) = k\,.(1,0,1) + (1,0,2)\}$$

<u>OJO</u>:
Muchas veces la gente solamente escribe la parte de k.(1,0,1) + (1,0,2). Pero eso está mal. Acordate que una recta es un conjunto de puntos, y entonces tenemos que escribirlo como un conjunto, no solamente como una ecuación.
Otra cosa: fijate que esta igualdad también la podemos escribir así:

$$x = k\,.\,1 + 1$$
$$y = 0$$
$$z = k + 2$$

Esto es exactamente igual a lo otra, así que también se la llama forma paramétrica.

O sea que cuando te pidan que paremetrices una recta, podés dar cualquiera de las dos respuestas.

- ¿Qué pasaba si en vez de tomar el punto (1,0,1) tomamos el (0,0,1)?
- Nada, nos hubiera quedado algo así:

$$L = \{(x,y,z) \in R^3 \text{ tal que } (x,y,z) = t\,.(1,0,1) + (0,0,1)\}$$

Es la misma recta, la única diferencia es que está "corrida"; o sea que fijate que cuando k = 0 tenemos el mismo punto que cuando t = 1. Pero en definitiva, están los mismo puntos, así que la recta es la misma.

Intersección de rectas

Ahora que definimos las rectas como conjuntos de puntos, esto no tiene ningún secreto: la intersección es como con los conjuntos: incluye todos los puntos que están en ambas rectas. Veamos, si tenemos dos rectas:

$$L_1 = \{(x,y,z) \in R^3 \text{ tal que } (x,y,z) = k\,.\,\mathbf{v} + A\}$$

$$L_2 = \{(x,y,z) \in R^3 \text{ tal que } (x,y,z) = t\,.\,\mathbf{w} + B\}$$

Si un punto está en la intersección $L_1 \cap L_2$ es porque cumple con las dos ecuaciones, o sea que:

$$(x,y,z) = k\,.\,\mathbf{v} + A = t\,.\,\mathbf{w} + B$$

Quizás es más fácil de ver si lo escribimos en cada componente:

$$x = k\,.\,v_1 + a_1 = t\,.\,w_1 + b_1$$

$$y = k\,.\,v_2 + a_2 = t\,.\,w_2 + b_2$$

$$z = k\,.\,v_3 + a_3 = t\,.\,w_3 + b_3$$

Acá tenemos tres ecuaciones y solamente dos incógnitas (los únicos que no sabemos cuánto valen son k y t). Y esto puede tener una única solución, infinitas o ninguna. O sea que dos rectas en R^3 pueden cortarse en un solo punto, o en infinitos (si son la misma), o nunca. Veamos algunos ejemplos:

- Calcular la intersección entre $L = \{X \in R^3 \text{ tal que } X = t\,.\,(1,2,3) + (1,0,0)\}$ y $M = \{X \in R^3 \text{ tal que } X = s\,.\,(2,2,1) + (0,0,2)\}$

Si $x \in L \cap M$, entonces se tienen que cumplir tres ecuaciones:

$$t \cdot 1 + 1 = s \cdot 2$$

$$t \cdot 2 = s \cdot 2$$

$$t \cdot 3 = s + 2$$

En realidad no hay ningún método fijo para resolver estas ecuaciones. Conviene empezar por la más fácil: en esta caso, la segunda nos dice que t = s. Entonces, eso lo podemos reemplazar en la tercera ecuación, y nos queda

$$3s = s + 2 \Rightarrow 2s = 2 \Rightarrow s = 1 \Rightarrow t = 1.$$

Ahora hay que ver si también se cumple la primera ecuación. Para eso reemplazamos estos valores y vemos qué pasa:

$$1 \cdot 1 + 1 = 1 \cdot 2 \Rightarrow 2 = 2$$

Sí, se verifica así que está todo bien. Las soluciones son esas que encontramos. Fijate que la solución es única (un solo valor de s y uno solo de t). Entonces, el único punto de la intersección $L \cap M$ lo podemos calcular de dos formas: reemplazando t = 1 o s = 1:

$$X = 1 \cdot (1,2,3) + (1,0,0) = (2,2,3)$$

- $L = \{X \in R^2 \text{ tal que } X = k \cdot (1,1) + (2,0)\}$ y $M = \{X \in R^2 \text{ tal que } X = t \cdot (2,2) + (1,-4)\}$

Es lo mismo que antes, nada más que en R^2, así que hay solamente dos ecuaciones:

$$k + 2 = 2 \cdot t$$

$$k = 2t - 4$$

A partir de la primera ecuación, podemos despejar k en función de t $\Rightarrow k = 2t - 2$, y podemos reemplazar esto en la segunda ecuación:

$$2t - 2 = 2t - 4 \Rightarrow -2 = -4$$

Esto no tiene sentido, es un absurdo. Entonces, no hay ningún valor de k ni de t que sea solución de esas dos ecuaciones al mismo tiempo. Esto quiere decir que esas dos rectas no se cruzan, o sea que $L \cap M = \phi$.

Y claro, si esas dos rectas son paralelas, no se cruzan nunca. Me dí cuenta de que son paralelas porque los vectores directores son paralelos $\Rightarrow$ (1,1) // (2,2).

Si hacemos un gráfico de las dos rectas, se ve muy fácil que no se cruzan nunca: fijate que las dos rectas son iguales, nada más que corridas. Eso es exactamente lo que significa ser paralelas.

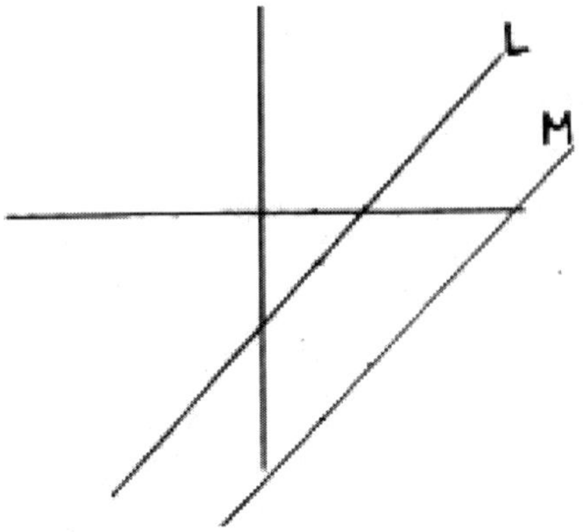

Pero <u>OJO</u>: En R^2, la única forma en que dos rectas no se cruzan nunca es si son paralelas, pero en R^3 no. Por ejemplo:

$$L = \{X \in R^3 \text{ tal que } X = t \,.\, (1,1,1)\}$$

y

$$M = \{X \in R^3 \text{ tal que } X = s \,.\, (1,0,0) + (3,2,1)\}$$

Hacé las cuentas y fijate que no se cruzan nunca. Pero no son paralelas, porque los vectores directores no son paralelos (o sea que uno no es múltiplo del otro).

Además de la forma paramétrica hay varias formas más de decir cuánto vale una recta. Una de las más comunes es la forma implícita. La idea es escribir una ecuación del estilo

$$a \,.\, x + b \,.\, y = c$$

que cumpla todos los puntos de la recta.

- ¿Y cómo se encuentra esta forma implícita?
- La idea siempre es depejar el parámetro t en función de una de las componentes, y reemplazarlo en la otra ecuación. Por ejemplo:

$$L = \{X \in R^2 \text{ tal que } X = k \,.\, (1,1) + (2,0)$$

$$\Rightarrow \quad x = k + 2 \quad \Rightarrow \quad k = x - 2$$

$$y = k \quad \Rightarrow y = x - 2 \quad \Rightarrow \quad x - y = 2$$

Esto no tiene mucho secreto, y por eso no se le da mucho importancia. Además, la forma más útil es la paramétrica.

En R^3 es algo muy parecido, con la única diferencia de que, en vez de una sola ecuación hay dos, porque hay tres compontes x,y,z. Por ejemplo:

$$M = \{X \in R^3 \text{ tal que } X = s\ .\ (2,2,1) + (0,0,2)\} \Rightarrow x = 2s \quad \Rightarrow \quad s = \tfrac{1}{2}\ .\ x$$

$$y = 2s \quad \Rightarrow \quad y = x \quad \Rightarrow \quad y - x = 0$$

$$z = s + 2 = \tfrac{1}{2}\, x + 2 \quad \Rightarrow z - \tfrac{1}{2}\ .\ x = 2$$

Ángulo entre rectas

Definimos el ángulo entre dos rectas como el ángulo que forman sus vectores directores (andá un poco más atrás y leé la parte de ángulo entre vectores).

OJO: acá hay que tener cuidado, porque dos vectores forman dos ángulos, uno mayor que 90° y otro menor.La costumbre es quedarnos con el ángulo menor que 90°. Esto es bastante arbitrario, como cuando calculamos raíces cuadradas y nos quedamos solamente con el resultado positivo.

Esta definición es bastante intuitiva cuando las rectas se cruzan, porque ahí forman un ángulo. Pero lo raro de esta definición es que también existe un ángulo entre rectas que no se cruzan, porque siempre podemos calcular el ángulo entre dos vectores. En el ejemplo anterior, las rectas L y M forman un ángulo α, que lo calculamos como:

$$\cos\alpha = \frac{(1,1,1) \bullet (1,0,0).}{\|(1,1,1)\|\ .\ \|(1,0,0)\|} = \frac{1}{\sqrt{3}}$$

$$\Rightarrow \alpha = 54{,}7\ °$$

- Otro ejemplo: calcular el ángulo entre:

  $L = \{X \in R^2 \text{ tal que } X = k\ .\ (1,0)\}$ y $\quad M = \{X \in R^2 \text{ tal que } X = (-1,1)\ .\ t + (2,-1)\}$

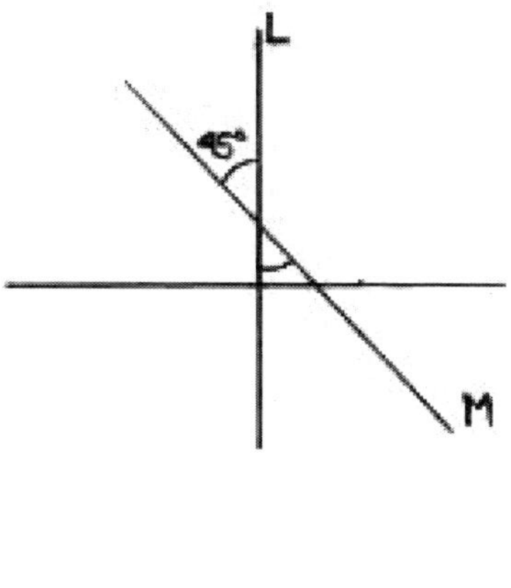

En el gráfico se vé bastante fácil que forman un ángulo de 45°. Ahora veamos qué dicen las cuentas:

$$\cos\alpha = \frac{(1,0) \bullet (-1,1).}{\|(1,0)\| . \|(-1,1)\|} = \frac{-1}{\sqrt{2}} \Rightarrow \alpha = 135°$$

Pero acordate que nos tenemos que quedar con el ángulo menor que 90°. Ese lo calculamos como 180° - 135° = 45°.

Por último, decimos que dos rectas son perpendiculares si sus vectores directores lo son; y son paralelas si sus vectores directores lo son.

O sea, fijate que todo el tiempo nos estamos haciendo cuentas con los vectores directos. Ahora vas viendo qué impotancia tienen los vectores, porque las rectas aparecen en todos lados, y para hacer cuentas con las rectas necesitamos a los vectores.
¿ Tendiste ?
¿ No ?
Es razonable que no logres captar las cosas de entrada. Algebra no se entiende leyendo. O sea, hay que leer, pero después tenés que hacer miles de ejercicios.
¿ entendés como es la cosa ?

Ya vimos rectas. Ahora pasemos a los planos.

Planos en R^3

Antes que nada, aclaremos algo: sólo tiene sentido hablar de planos en R^3 (o quizás algún espacio más grande): NO EN R^2. Eso es porque R^2 es solo un plano en particular de R^3 (el plano xy), pero eso lo vemos después.

Lo primero que tenemos que hacer es dar una definición de plano. Esto es un poco más comlpicado que con las rectas, pero podemos empezar de la misma forma: un plano es un conjunto de puntos (de R^3). Ahora veamos que características tienen esos puntos.

Fijate cuando definimos las rectas: decimos que A, B y C están en la misma recta si **AB** // **AC**. O sea que la característica en común que tienen todos esos vectores es que son paralelos. En el caso de los planos, la característica en común es que todos son perpendiculares a un vector normal **N**.

Entonces, decimos que los puntos A,B,C y D están en el mismo plano si todos los vectores **AB**, **AC**, **AD**, **BC**, **BD** y **CD** son perpendiculares al normal **N**.

Fijate en el gráfico:

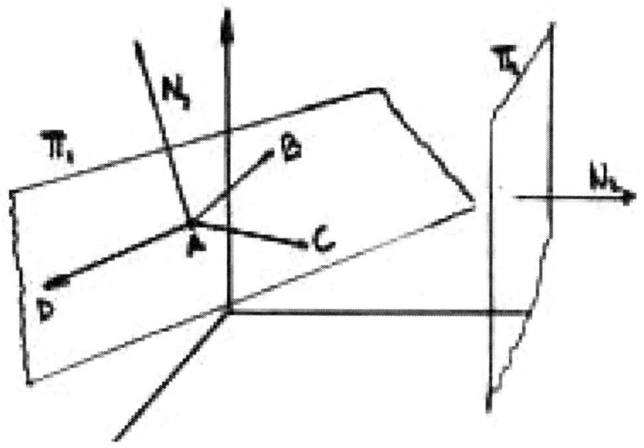

Fijate que dibujé los bordes del plano como medio borrosos. Con eso te quiero decir que los planos son infinitos, que no se terminan ahí donde se termina el dibujo: siguen y siguen...
Ah, una aclaración: a los planos se les da nombre con letras griegas. La que se usa siempre es π, (Pi) que equivale a nuestra letra "p" (de plano).

Entonces, un plano viene definido por un vector normal. Pero eso no alcanza, por ejemplo, en el gráfico, el plano π_2 y el plano xz tienen el mismo vector normal, pero no son iguales.

Entonces, igual que con las rectas, necesitamos decir un punto P por el que pasa. Y, como dijimos antes, para que un punto X pertenezca al plano, **PX** debe ser perpendicular a **N**, o sea que:

$$\mathbf{PX} \cdot \mathbf{N} = 0 \quad \Rightarrow \quad (\mathbf{P} - \mathbf{X}) \cdot \mathbf{N} = 0 \quad \Rightarrow \quad \mathbf{P} \cdot \mathbf{N} = \mathbf{X} \cdot \mathbf{N}$$

O sea que nos queda algo así: si π es el plano normal al vector **N** que pasa por el punto **P** entonces:

$$\pi = \{\mathbf{X} \in R^3 \text{ tal que } \mathbf{X} \cdot \mathbf{N} = \mathbf{P} \cdot \mathbf{N}\}$$

Antes de seguir con tanta teoría, veamos un ejemplo:

- Encontrar el plano normal al vector **N** = (1,2,3) que pasa por el punto **P** = (0,0,1)

No hay que hacer otra cosa que usar la fórmula que tenemos arriba:

$$X \cdot N = P \cdot N \quad \Rightarrow \quad (x,y,z) \cdot (1,2,3) = (0,0,1) \cdot (1,2,3)$$

$$\Rightarrow x + 2y + 3z = 3$$

Esta expresión se conoce como la ecuación del plano. Fijate que los coeficientes que acompañan a x,y,z son los componentes del vector normal. Por eso decimos que la ecuación de un plano normal a (a,b,c) es:

$$a \cdot x + b \cdot y + c \cdot z = d$$

<u>OJO</u>: Esta es la <u>ecuación</u> del plano. Pero si queremos definirlo bien, acordate que un plano es un conjunto, entonces tenemos que escribir algo así:

$$\pi = \{(x,y,z) \in R^3 \text{ tal que } x + 2y + 3z = 3\}$$

Espero que hayas entendido bien esto, porque la parte difícil todavía no llegó. El problema es siempre el mismo: encontrar la ecuación del plano. Esto es muy fácil si tenemos el vector normal. Pero, ¿y si no lo tenemos?.

Bueno, habrá que encontrarlo de alguna forma: para esto nos sirve el producto vectorial que vimos antes. Hay tres casos posibles:

- Encontrar la ecuación del plano a partir de dos vectores **v** = (1,1,0); **w** = (-2,0,1) y un punto P = (0,1,2)

Este es el caso más simple. En definitiva, los demás casos se terminan reduciendo a este. La idea es encontrar un vector **N** = (a,b,c) que sea perpendicular a **v** y a **w** al mismo tiempo. La forma más fácil de hacerlo es con el producto escalar entre esos dos vectores:

$$\mathbf{N} = \mathbf{v} \times \mathbf{w} = (1,1,0) \times (-2,0,1) = (1,-1,2)$$

Y a partir de ahora ya sabes cómo sigue:

$$\mathbf{N} \cdot \mathbf{X} = \mathbf{N} \cdot \mathbf{P} \;\Rightarrow\; (1,-1,2) \cdot (x,y,z) = (1,-1,2) \cdot (0,1,2)$$

$$\Rightarrow\; x - y + 2z = 1$$

Lo bueno de la ecuación del plano es que es la forma más fácil de ver si un punto está en el plano o no. Por ejemplo, el (2,1,0) está en π porque cumple con esa ecuación, y el (1,1,1) no.

- *A partir de 3 puntos no alineados: A = (1,2,0) ; B = (3,3,1) y C = (-2,0,3)*

La idea es reducir este problema al caso anterior. Para eso, necesitamos encontrar dos vectores del plano. Ah, eso es fácil, uno es el **AB** y otro el ***AC***:

$$\mathbf{AB} = B - A = (2,1,1) \quad ; \quad \mathbf{AC} = C - A = (-3,-2,3)$$

Ahora que tenemos dos vectores, calculamos el vector normal:

$$\mathbf{N} = \mathbf{AB} \times \mathbf{AC} = (2,1,1) \times (-3,-2,3) = (5,-9,-1)$$

Y ahora, con el vector normal y un punto del plano (podemos elegir cualquiera de los tres y el resultado es el mismo) encontramos el plano:

$$\mathbf{N} \cdot \mathbf{X} = \mathbf{N} \cdot \mathbf{A} \;\Rightarrow\; (5,-9,-1) \cdot (x,y,z) = (5,-9,-1) \cdot (1,2,0)$$

$$\Rightarrow 5x - 9y - z = -13$$

Este tipo de problema es bastante común, porque muchas veces te dan como datos las intersecciones del plano con los tres ejes, algo así como en el gráfico.

Una aclaración importante: si un punto está en cada eje, está claro que no están alineados. Pero, ¿qué pasa si están alineados? Bueno, si están alineados, los tres forman parte de una misma recta, y hay infinitos planos que pasan por ella. Más adelante vamos a ver que una recta es un intersección de dos planos.

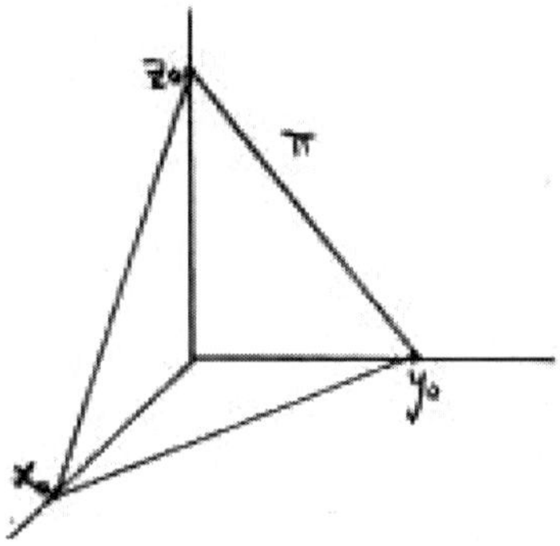

Tenemos tres puntos del plano: $(x_0,0,0)$; $(0,y_0,0)$ y $(0,0,z_0)$, y sabemos que la ecuación del plano va a tener esta forma:

$$a.x + b.y + c.z = d$$

donde (a,b,c) es el vector normal. Pero en realidad, podemos tomar como vector normal a cualquier múltiplo de (a,b,c). Para hacer las cuentas fáciles, nos conviene trabajar con un múltiplo tal que k.a = 1 $\Rightarrow$ (1,b' , c'). Entonces, la ecuación del plano nos queda:

$$x + b' . y + c' . z = d'$$

Fijate que tenemos tres incógnitas (b' , c' y d') y nos dan tres datos (los tres puntos, que cumplen con esa ecuación). Bueno, reemplazando esos tres puntos en la ecuación, podemos calcular estas tres incógnitas, así:

$$x_0 = d'$$

$$b' . y_0 = d'$$

$$c' . z_0 = d'$$

Y listo. Una vez que calculamos b', c' y d' ya tenemos la ecuación del plano.

- A partir de un vector **v** = (0,0,1) y dos puntos: A = (3,1,2) y B = (-4,0,-2)

Bueno, ya tenemos un vector, y el otro lo podemos encontrar con los dos puntos:

AB = B – A = (-4,0,-2) – (3,1,2) = (-7,-1,-4)

Ahora podemos calcular el vector normal como:

N = **v** x **AB** = (0,0,1) x (-7,-1,-4) = (1,-7,0)

Y ahora con el vector normal, la ecuación del plano nos queda:

$$\mathbf{N} \cdot \mathbf{X} = \mathbf{N} \cdot \mathbf{A} \Rightarrow (1,-7,0) \cdot (x,y,z) = (1,-7,0) \cdot (3,1,2)$$

$$\Rightarrow x - 7y = -4$$

Y listo, esos son los tres casos posibles. Fijate que en realidad son todas variaciones del primero, así que si te acordás ese está bien.

Un cuarto caso es cuando te dan una recta y un punto, pero en realidad es exactamente igual que el segundo, porque nos dicen el vector director de la recta, un punto de la recta y otro punto más, o sea tenemos un vector y dos puntos.

Planos paralelos

Al principio dijimos que un plano viene definido por su vector normal. Entonces, decimos que dos planos son paralelos si sus vectores normales son paralelos.

De la misma forma decimos que son perpendiculares si los vectores normales son perpendiculares.

En realidad, podemos generalizar y dar una definición del ángulo entre dos planos como el ángulo que forman sus vectores directores. Aunque esto no se usa nunca, lo único que se usa es lo de los planos paralelos.

Hay una forma muy fácil de ver si dos planos son o no paralelos a partir de las ecuaciones, ya que los coeficientes son los componentes de la normal. Los planos:

$$\pi_1 : ax + by + cz = d \quad \text{y} \quad \pi_2 : k.a.x + k.b.y + k.c.z = e$$

son paralelos, porque las normales: (a,b,c) y (k.a, k.b ,k.c) son paralelos entre sí.

- Un ejemplo: encontrar el plano paralelo a π_1: $x + 2y - 3z = 4$ que pasa por el punto $P = (1,-1,2)$

Como es paralelo a π_1, tiene el mismo vector normal **N** = (1,2,-3). Entonces, la ecuación del nuevo plano π_2 va a ser:

$$\mathbf{N} \cdot \mathbf{X} = \mathbf{N} \cdot \mathbf{P} \Rightarrow x + 2y - 3z = -7$$

Intersección entre planos.

Pasa algo parecido a la intersección entre rectas: pueden no cruzarse nunca (si son paralelos), cruzar una vez o siempre (si son el mismo plano).
La gran diferencia es que si se cruzan una vez, en vez de hacerlo en un solo punto, la

intersección resulta ser toda una recta. Esto lo vas a entender mejor cuando veas espacios vectoriales. Por ahora dejémoslo así.

- Ejemplo: encontrar la intersección entre los planos

π_1 = {(x,y,z) tal que x - y = 2} y π_2 = {(x,y,z) tal que 2x + y - z = 5}

La idea es que si un punto pertenece a $\pi_1 \cap \pi_2$ entonces cumple con las dos ecuaciones, o sea:

$$\begin{cases} x - y = 2 \\ 2x + y - z = 5 \end{cases}$$

Y esto no es otra cosa que la forma implícita de una recta en R^3. Si querés, se puede despejar la forma paramétrica, despejando todo en función de una sola de las componentes, por ejemplo de la x:

$$x - y = 2 \quad \Rightarrow \quad y = x-2$$

$$2x + y - z = 5 \quad \Rightarrow \quad 2x + x - 2 - z = 5 \quad \Rightarrow \quad z = 3x - 7$$

$$\Rightarrow (x,y,z) = (x,x-2,3x-7) = x\ .\ (1,1,3) + (0,-2,-7)$$

Y esa es la forma paramétrica. Quizás parece medio rara, porque nos quedó x como parámetro. No hay problema, si no te gusta así podés cambiarle el nombre a t y nos queda algo un poco más lindo:

$$\pi_1 \cap \pi_2 = \{(x,y,z) \in R^3 \text{ tal que } (x,y,z) = t\ .\ (1,1,3) + (0,-2,-7)\}$$

Si dos planos distintos son paralelos, no se cruzan nunca, o sea que su intersección es vacía. Esto es bastante obvio, porque no hay forma de que un punto (x,y,z) cumpla al mismo tiempo las dos ecuaciones:

$$a\ .\ x + b\ .\ y + c\ .\ z = d \quad \text{y} \quad a\ .\ x + b\ .\ y + c\ .\ z = e \qquad \text{si } d \neq e$$

Intersección entre un plano y una recta

Siempre acordate que definimos a las rectas y los planos como conjuntos de puntos. Entonces, la intersección va a ser el conjunto de todos los puntos que están en los dos: o sea, donde se cruzan. Hay tres casos posibles: la intersección entre un plano π y una recta L puede ser:

- Una recta: si la recta está incluida en el plano, entonces la intersección es la misma recta.

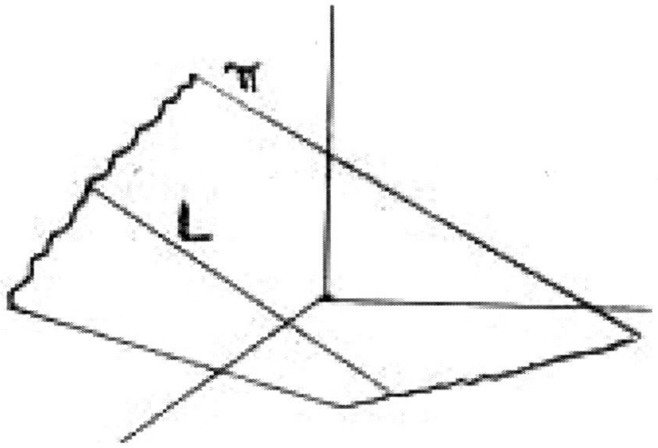

- Un punto: este es el caso típico donde realmente la recta "cruza" el plano. Por ejemplo, en el gráfico, la recta L_1 y el plano π se cruzan en un solo punto.

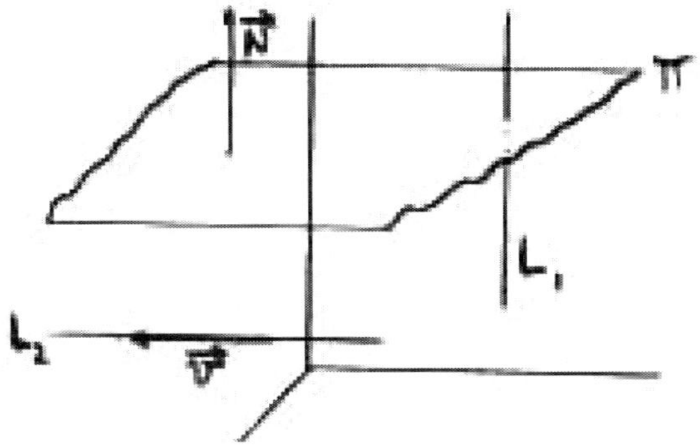

  - ¿Cómo calculamos ese punto?
  - Como siempre, en la intersección están los puntos que cumplen las dos condiciones: está en el plano (o sea cumple la ecuación del plano) y está en la recta (o sea también cumple la ecuación paramétrica de la recta).

  En este caso, tenemos π: z = 4 y L: (x,y,z) = t.(0,01) + (0,3,0).

  Veamos para qué valor de t se encuentra la intersección:

$$(x,y,z) = (0,3,t) \quad \Rightarrow \quad t = 4 \quad \Rightarrow \quad (x,y,z) = (0,3,4)$$

- <u>Vacía</u>: cuando la recta es paralela al plano pero no está incluida en él. En el gráfico anterior, L_2 es paralela al plano π y por eso no se intersecan.

  - ¿Cómo es esto de una recta paralela a un plano? Hasta ahora solamente veníamos hablando de vectores paralelos
  - Bueno, en este caso decimos que la recta y el plano son paralelos si el vector normal del plano es perpendicular al vector director de la recta.

Y, del mismo modo, decimos que son perpendiculares si **N** y **v** son paralelos. Esto parece medio rebuscado, pero si te fijás en el gráfico tiene bastante sentido.

Distancia de un punto a un plano

Unas páginas atrás aprendimos cómo se calcula la distancia entre dos puntos:
Se calcula como la norma del vector que los une.

La distancia de un punto Q a un plano π se define como la distancia entre Q y P, donde P es un punto del plano π tal que la recta PQ es perpendicular a π .
Pará pará, vamos más despacio. Primero veámoslo en un gráfico.

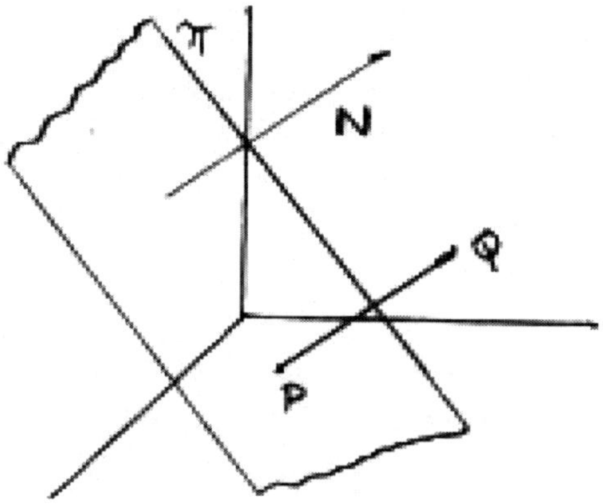

P es el punto del plano π que está más cercano a Q.

- ¿Por qué es eso?
- Porque se puede demostrar que la menor distancia siempre es la perpendicular. Pensalo así: si vos estás en Av. Rivadavia y querés llegar a Av. Corrientes, la forma más rápida es por una de las calles que cortan perpendicular, no te conviene ir por una diagonal. Y la demostración no es para nada complicada, se puede hacer usando solamente el Teorema de Pitágoras, o la Desigualdad Triangular que vimos más arriba, pero eso te lo dejo para que lo pienses

Y entonces solamente tenemos que calcular la distancia entre dos puntos, y eso lo sabemos hacer. Bueno, en realidad no es tan fácil, porque primero tenemos que encontrar el punto P, y eso no es para nada sencillo.

Dijimos que **PQ** es perpendicular al plano π, o sea que es paralelo al vector normal **N**. La forma correcta de resolver este problema es primero encontrando una recta L que pase por Q y que sea paralela a **N**.

Una vez que tenemos esa recta, podemos encontrar el punto P como la intersección entre la recta y el plano. Mejor veámoslo en un ejemplo:

- Calcular la distancia del punto Q = (2,-2,1) al plano π de ecuación x + 2y - z = 1

Lo primero que hay que hacer es encontrar la recta perpendicular al plano π (o sea, paralela al vector normal (1,2,-1)) que pasa por el punto Q. Eso es fácil, es como los primero ejercicios de rectas. Nos queda así:

$$L = \{ (x,y,z) \in R^3 \text{ tal que } (x,y,z) = t \,.\, (1,2,-1) + (2,-2,1) \}$$

Ahora que tenemos la recta, podemos calcular el punto P como la intersección de esa recta con el plano, así:

$$(x,y,z) = (t+2 \;,\; 2t - 2 \;,\; -t + 1) \;\Rightarrow\; t + 2 + 2 \,.\, (2t - 2) - (-t+1) = 1$$

$$\Rightarrow\; 6t - 1 = 1 \;\Rightarrow 6t = 2 \;\Rightarrow\; t = {}^1/_3$$

$$P = {}^1/_3 \,.\, (1,2,-1) + (2,-2,1) \;\Rightarrow\; P = ({}^7/_3 \;,\; -{}^4/_3 \;,\; {}^2/_3)$$

Y una vez que tenemos el punto P, todo lo que hay que hacer es calcular la distancia entre P y Q así:

$$d(P,Q) = ||PQ|| = ||P - Q|| = ||({}^7/_3 \;,\; -{}^4/_3 \;,\; {}^2/_3) - (2,-2,1)|| =$$

$$= ||({}^1/_3 \;,\; {}^2/_3 \;,\; -{}^1/_3)|| = {}^1/_3 \,.\, ||(1,2,-1)|| = {}^1/_3 \,.\, \sqrt{1^2 + 2^2 + (-1)^2}$$

$$\Rightarrow d(P,Q) = {}^1/_3 \,.\, \sqrt{6}$$

Fijate que nos quedó justamente ${}^1/_3$. (1 , 2 , -1), que es el término t . **v**.

La distancia del punto Q al plano p es ${}^1/_3 \,.\, \sqrt{6}$, y se escribe así: $d(Q,\pi) = {}^1/_3 \,.\, \sqrt{6}$

<u>Vectores en R^n</u>.

En este tema nos enfocamos más que nada en las interpretaciones geométricas de los vectores. Por eso solamente trabajamos en R^2 y R^3. El asunto de R^n lo dejamos para después: en el capítulo de espacios vectoriales.

Para terminar vamos a algunos ejercicios sacados de parciales

EJERCICIOS DE PARCIALES

1 - Sea π_1 el plano de ecuación $x + 3y - z = 2$

y π_2 el plano que pasa por $A = (1,-1,0)$, $B = (1,0,-1)$ y $C = (3,-1,0)$
Hallar una recta L tal que:
$L \cap \pi_1 = \phi$, $L \cap \pi_2 = \phi$ y $(1,2,0) \in L$

Antes de empezar a resolver el ejercicio, siempre conviene tener todo escrito como nos conviene: las rectas en su forma paramétrica, y los planos con sus ecuaciones. En este caso, nos conviene primero calcular la ecuación del plano π_2 a partir de esos tres puntos. ¿Te acordás como se hace? Primero buscamos dos vectores que estén en ese plano. Eso es fácil:

$$\mathbf{AB} = B - A = (1,0,-1) - (1,-1,0) = (0,1,-1)$$

$$\mathbf{AC} = C - A = (3,-1,0) - (1,-1,0) = (2,0,0)$$

Una vez que tenemos estos dos vectores, podemos encontrar el vector normal $\mathbf{n_2}$ como el producto vectorial de esos dos:

$$\mathbf{n_2} = \mathbf{AB} \times \mathbf{AC} = (0,1,-1) \times (2,0,0) = (0,-2,-2)$$

Si ya tenemos el vector normal, podemos obtener la ecuación del plano π_2 como:

$$\mathbf{n_2} \,.\, \mathbf{X} = \mathbf{n_2} \,.\, \mathbf{A} \Rightarrow (0,-2,-2) \,.\, (x,y,z) = (0,-2,-2) \,.\, (1,-1,0)$$

$$\Rightarrow \quad -2y - 2z = 2 \quad \Rightarrow \quad y + z = -1$$

Entonces, repasemos un poco los datos que tenemos:

$$\pi_1\text{: } x + 3y - z = 2 \qquad \text{y} \qquad \pi_2\text{: } y + z = -1$$

Bueno, recién ahora veamos qué nos piden. Fijate que todavía no empezamos a hacer nada, así que mejor practicá muchos ejercicios, porque si perdés mucho tiempo en lo que hicimos recién en un parcial, estás sonado.
Nos piden una recta que no se intersecte con ninguno de los dos planos. Por lo que vimos antes, para que pase eso, la recta tiene que ser paralela a ambos planos; o sea que el vector director v de la recta, tiene que ser perpendicular a $\mathbf{n_1}$ (el vector normal al plano π_1, lo sacamos a partir de la ecuación del plano 1) y a $\mathbf{n_2}$, que son los dos vectores normales.
Ah bueno, entonces podemos encontrar a v como el producto vectorial entre n_1 y $\mathbf{n_2}$.

Nos queda algo así:

$$\mathbf{v} = \mathbf{n_1} \times \mathbf{n_2} = (1,3,-1) \times (0,-2,-2) = (-6,2,-2)$$

¿ Te acordás qué nos hace falta para encontrar la ecuación de una recta ?
Rta: Solamente un punto y el vector director. Recién encontramos y el vector director, y además nos piden que pase por el punto (1,2,0). Entonces, la ecuación paramétrica de la recta L es

$$(x,y,z) = t \,.\, (-6,2,-2) + (1,2,0)$$

Pero esta no es la respuesta final del ejercicio, porque no nos piden la ecuación paramétrica. Nos piden que digamos cuál es la recta. Y como una recta es un conjunto, tenemos que escribirlo como conjunto, así:

$$L = \{(x,y,z) \in R^3 \text{ tal que } (x,y,z) = t \,.\, (-6,2,-2) + (1,2,0) \text{ para algún } t \in R\}$$

Y listo, así está bien. Mucho cuidado con esto, es un error muy común.

---

2 . Sean el plano $\Pi: 2x - 4y + 4z = 0$ y la recta $\mathbb{L}: \lambda(0,1,2) + (1,-1,0)$. Hallar dos rectas alabeadas que corten a $\mathbb{L}$ y tengan todos sus puntos a distancia 3 del plano Π.
(Dos rectas son alabeadas si no se cortan ni son paralelas.)

Este problema te puede llegar a resultar fácil si te hacés una buena idea de lo que te están pidiendo. ¿ Y qué te están pidiendo ? ¿ Cómo lo tenés que interpretar ? Vamos a ir viendo poco a poco así no te perdés.
Lo más difícil suele ser elegir por dónde empezar. Lo ideal en este caso es atacar el problema buscando los puntos que están a distancia 3 del plano. Estos puntos forman dos planos paralelos a Π, que están a distancia 3 para un lado y para el otro. Para encontrar los dos planos necesitamos conocer un vector normal (que es el mismo que tiene Π porque tienen que ser paralelos a éste para que TODOS los puntos estén a la misma distancia) y dos puntos cualesquiera que pertenezcan cada uno a cada plano. La dirección normal (n) la podemos sacar de la ecuación de Π.

$$\Pi: 2x - 4y + 4z = 0$$

$$n = (2,-4,4)$$

¿ Y los puntos ? Tenemos que hacer esto: primero buscamos un punto que esté en Π - por ejemplo el (0, 0, 0)- y le sumamos un versor -o vector unitario- que tenga la dirección normal al plano y esté multiplicado por 3, que es la distancia a la que tienen que estar. El versor normal lo encontramos fácilmente dividiendo n por su propia norma:

$$\hat{n} = \frac{n}{\|n\|} = \frac{(2,-4,4)}{\sqrt{4+16+16}} = \left(\tfrac{1}{3}, \tfrac{-2}{3}, \tfrac{2}{3}\right)$$

Ahora buscamos uno de los puntos como te dije recién:

$$P_1 = (0,0,0) + 3\hat{n} = 3\left(\tfrac{1}{3}, \tfrac{-2}{3}, \tfrac{2}{3}\right)$$

$$\underline{P_1 = (1,-2,2)|}$$

Si querés fijarte que la distancia al (0,0,0) es 3, calculála como siempre: $\mathrm{d}(\Theta, P_1) = \|P_1 - \Theta\|$. Para encontrar el otro punto que está a distancia 3 del origen sobre la dirección de $\hat{n}$ vamos ahora a RESTARLE $3\hat{n}$:

$$P_2 = (0,0,0) - 3\hat{n} = -3\left(\tfrac{1}{3}, \tfrac{-2}{3}, \tfrac{2}{3}\right)$$

$$\underline{P_2 = (-1,2,-2)|}$$

Ahora tenemos la dirección de los planos paralelos a Π y un punto que pertenece a cada uno de ellos. Con esto es suficiente para escribir sus ecuaciones. Vamos a hacerlo, te va a venir bien el repaso. Empecemos por el primero de los dos planos al que vamos a llamar Π_1. La ecuación la escribimos haciendo: $(X - P_1)\cdot n = 0$, o lo que es lo mismo: $X \cdot n = P_1 \cdot n$.

$$\Pi_1 : \quad (x,y,z)\cdot(2,-4,4) = (-1,2,-2)\cdot(2,-4,4)$$

$$\underline{|2x - 4y + 4 = -18}$$

Y hacemos lo mismo para encontrar el segundo plano:

$$\Pi_2 : \quad (x,y,z)\cdot(2,-4,4) = (1,-2,2)\cdot(2,-4,4)$$

$$\underline{|2x - 4y + 4 = 18}$$

Bien, bien. Ahora ya conocemos los dos planos Π_1 y Π_2 donde están todos los puntos del espacio que están a distancia 3 de Π. ¿ Qué quiere decir esto ? Que las rectas que nos piden tienen que estar incluidas en alguno de estos planos. Pero ¡ ojo !, nos dicen que las rectas tienen que ser alabeadas, o sea que no tienen que cortarse ni ser paralelas. Si las dos rectas están en un mismo plano esto no sería posible: o son paralelas o se cortan, no hay otra. Por lo tanto, las rectas que buscamos tienen que estar una en cada plano y, además, NO pueden que ser paralelas.

Para encontrar los vectores directores de las rectas, vamos a buscar dos vectores paralelos a los planos pero que NO sean paralelos entre sí. ¿ Cómo hacemos ?
Rta: Así: para encontrar todas los vectores paralelos a los planos, agarramos el plano que nos dan y despejamos una de las variables en función de las otras, por ejemplo:

$$2x - 4y + 4z = 0 \;\rightarrow\; x = 2y - 2z$$

Y ahora podemos escribir todos los vectores (x, y, z) paralelos a los planos usando esto :

$$(x, y, z) = (2y - 2z, y, z) = y(2,1,0) + z(-2,0,1)$$

Estos dos vectores –el (2 , 1 , 0) y el (-2 , 0 , 1)- son paralelos a los planos, y al mismo tiempo NO son paralelos entre sí. Así que éstos podrían ser los vectores directores de nuestras rectas.
Para terminar, vamos a buscar por qué puntos pasan estas rectas. Como sabemos que las rectas pertenecen a los planos y se cortan con **L** , podemos encontrar estos puntos buscando la intersección entre $\mathbb{L}$ y cada uno de los planos Π_1 y Π_2. Llamemos (x, y, z) al punto de cada intersección, entonces:

$\mathbb{L} \cap \Pi_1$:

$$\overbrace{(x, y, z) = \lambda(0,1,2) + (1,-1,0)}^{\text{Cumple con la ecuación de } \mathbb{L}}$$

desarrollando...

$$\begin{cases} x = 1 \\ y = \lambda - 1 \\ z = 2\lambda \end{cases} \rightarrow \begin{cases} x = 1 \\ z = 2y + 2 \end{cases}$$

Reemplazamos en la ecuación de Π_1:

$$\overbrace{2x - 4y + 4z = -18}^{\text{Ecuación de } \Pi_1} \xrightarrow[z=2y+2]{x=1} 2 - 4y + 4(2y + 2) = -18$$

$$\begin{cases} x = 1 \\ y = -7 \\ z = -12 \end{cases} \rightarrow \underline{Q_1 = (1,-7,-12)}$$

$\mathbb{L} \cap \Pi_2$:

$$\overbrace{2x-4y+4z=18}^{\text{Ecuación de } \Pi_2} \xrightarrow[z=2y+2]{x=1} 2-4y+4(2y+2)=18$$

$$\begin{cases} x=1 \\ y=2 \\ z=6 \end{cases} \rightarrow \underline{Q_2=(1,2,6)}$$

¡ Ahora sí !, tenemos dos vectores directores y dos puntos por donde pasan las rectas. Elegite la combinación que te guste, es lo mismo, porque de todas maneras, todos los puntos de las rectas van a estar a distancia 3 de Π, van a ser alabeadas y van a cortar a la recta L. Te dejo una posibilidad:

$$\boxed{(x,y,z)=\lambda(2,1,0)+(1,-7,-12)} \quad \text{y} \quad \boxed{(x,y,z)=\mu(-2,0,1)+(1,2,6)}$$

3- Sean $\Pi_1 : x+y-2z=1$, $\Pi_2 : 2x+y-z=1$ y $\Pi_3 : 3x+y-2z=6$.

Hallar todos los puntos $P \in \Pi_1 \cap \Pi_2$ tales que $d(P,\Pi_3)=\frac{\sqrt{14}}{14}$.

Este ejercicio no tiene demasiadas vueltas pero es bastante largo. Lo que hay que buscar son los puntos que están en la intersección de Π_1 y Π_2, y que al mismo tiempo estén a $\frac{\sqrt{14}}{14}$ de distancia de Π_3. ¿ Y como hacemos eso ? Así: Primero buscamos el conjunto de puntos que está en la intersección de los dos primeros planos ($P \in \Pi_1 \cap \Pi_2$). Después buscamos el conjunto de los puntos que están a $\frac{\sqrt{14}}{14}$ de distancia del tercero (P tal que $d(P,\Pi_3)=\frac{\sqrt{14}}{14}$).
Por último buscamos la intersección de estos dos conjuntos, es decir, todos los puntos que cumplen con las dos condiciones que nos piden.
Arranquemos con la intersección de Π_1 y Π_2. Los puntos de esa intersección tienen que cumplir con las ecuaciones de ambos planos, así que tenemos un sistema de dos ecuaciones lineales:

$$\begin{cases} x+y-2z=1 \\ 2x+y-z=1 \end{cases} \xrightarrow{\text{Despejando}} \begin{cases} y=1-x+2z \\ z=2x+y-1 \end{cases} \rightarrow \begin{cases} y=1-x+4x+2y-2 \\ z=2x+y-1 \end{cases}$$

Seguimos despejando y nos queda:

$$\begin{cases} y=-3x+1 \\ z=-x \end{cases}$$

$$(x,y,z)=(x,-3x+1,-x)$$

Entonces, los puntos de la intersección tienen la forma de una recta y son:

$$\underline{(x, y, z) = x(1,-3,-1) + (0,1,0)}$$

Busquemos ahora todos los puntos del espacio que están a distancia $\frac{\sqrt{14}}{14}$ de Π_3. Estos puntos forman dos planos paralelos a cada lado de Π_3, o sea que el vector normal es el mismo para los tres planos. Saquémoslo, pues, de la ecuación que nos da el enunciado.

$$\Pi_3 : \; 3x + y - 2z = 6 \;\rightarrow\; \underline{n = (3,1,-2)}$$

Para poder escribir las ecuaciones sólo nos falta encontrar un punto que pertenezca a cada uno de los dos planos. Esto lo hacemos así: buscamos un punto P_3 perteneciente a Π_3, y le sumamos el vector n dividido por su norma y multiplicado por la distancia a la que queremos que estén. Para encontrar el punto del otro plano, en lugar de sumarle ese choclo, se lo restamos. A P_3 lo podemos sacar a ojo. Usemos, por ejemplo, el (2, 0, 0) . Fijáte que cumple con la ecuación de Π_3 . Ahora llamemos P_3' y P_3'' a los puntos que están a distancia $\frac{\sqrt{14}}{14}$ del (2, 0, 0) en la dirección del vector normal a los planos. Haciendo las cuentas que dije, encontramos que son:

$$P_3' = (2,0,0) + \frac{\sqrt{14}}{14} \frac{(3,1,-2)}{\underbrace{\sqrt{9+1+4}}_{\sqrt{14}}} = (2,0,0) + \left(\tfrac{3}{14}, \tfrac{1}{14}, -\tfrac{1}{7}\right)$$

$$\underline{P_3' = \left(\tfrac{31}{14}, \tfrac{1}{14}, -\tfrac{1}{7}\right)}$$

$$P_3''\,(2,0,0) - \left(\tfrac{3}{14}, \tfrac{1}{14}, -\tfrac{1}{7}\right)$$

$$\underline{P_3'' = \left(\tfrac{25}{14}, -\tfrac{1}{14}, \tfrac{1}{7}\right)}$$

Ahora sí, ya encontramos los dos planos cuyos puntos están todos a distancia $\frac{\sqrt{14}}{14}$ de Π_3. Escribamos sus ecuaciones…

$$\Pi_3' : \; (x, y, z)\cdot n = P_3' \cdot n$$

$$3x + y - 2z = (3,1,-2)\cdot\left(\tfrac{31}{14}, \tfrac{1}{14}, -\tfrac{1}{7}\right) = 7$$

$$\underline{\Pi_3' : \; 3x + y - 2z = 7}$$

$$\Pi_3'' : \; (x, y, z)\cdot n = P_3'' \cdot n$$

$$3x + y - 2z = (3,1,-2)\cdot\left(\tfrac{25}{14}, -\tfrac{1}{14}, \tfrac{1}{7}\right) = 5$$

$$\Pi_3'':\ 3x+y-2z=5$$

Bueno, paremos un poco porque ya estoy mareado… ¿ Qué sacamos hasta ahora ? Primero, la intersección entre Π_1 y Π_2: una recta. Y después, dos planos que tienen a todos los puntos que están a distancia $\frac{\sqrt{14}}{14}$ de P_3. Los puntos que nos pide el problema son los que están en la intersección de la recta con los planos. Los puntos de la recta los escribimos:

$$\Pi_1 \cap \Pi_2:\quad (x,y,z)=x(1,-3,-1)+(0,1,0)$$

Así que tienen que cumplir que:

$$\begin{cases} x=x \\ y=-3x+1 \\ z=-x \end{cases}$$

$$(\Pi_1 \cap \Pi_2)\cap \Pi_3' \qquad \overbrace{3x+(-3x+1)-2(-x)=7}^{\text{Ecuación de } \Pi_3'} \rightarrow 2x+1=7$$

Resolviendo eso y reemplazando el valor de x en las ecuaciones que sacamos de la recta encontramos que <u>x = 3</u> ; <u>y = -8</u> y <u>z = -3</u>. Y ahora, sacamos el segundo:

$$\overbrace{3x+(-3x+1)-2(-x)=5}^{\text{Ecuación de } \Pi_3''} \rightarrow 2x+1=5$$

Entonces: <u>x = 2</u> ; <u>y = -5</u> y <u>z = -2</u>.

Por lo tanto, los punto que cumplen con las dos condiciones que pide el enunciado son:

$$\boxed{\{(3,-8,-3);(2,-5,-2)\}}$$

FIN VECTORES EN R^2 Y EN R^3

SISTEMAS LINEALES - MATRICES

INTRODUCCION

Los sistemas de ecuaciones son cosas interesantes. A veces uno tiene que resolver un sistema de varias ecuaciones para encontrar la solucion a un problema. Por otro lado los sistemas de ecuaciones también son útiles en geometría: las ecuaciones lineales se interpretan a veces como rectas y a veces como planos.

Para resolver sistemas de ecuaciones lineales usamos dos herramientas matemáticas que nos van a facilitar los cálculos: las **matrices** y los **determinantes**. En este capítulo vamos a entender bien el tema de **MATRICES** y vamos a ver como se relacionan estos nuevos objetos matemáticos con la resolución de sistemas de ecuaciones lineales.

SISTEMAS LINEALES

Un sistema lineal de **m** ecuaciones con **n** incógnitas es un conjunto de **m** ecuaciones lineales en las variables $\{x_1, x_2, \ldots, x_n\}$, y se define según la siguiente fórmula:

$$
\begin{array}{lr}
a_{11}\, x_1 + a_{12}\, x_2 + a_{13}\, x_3 + & a_{1n}\, x_n = b_1 \\
a_{21}\, x_1 + a_{22}\, x_2 + a_{23}\, x_3 + & a_{2n}\, x_n = b_2 \\
a_{31}\, x_1 + a_{32}\, x_2 + a_{33}\, x_3 + & a_{3n}\, x_n = b_3 \\
\qquad \ldots\ldots\ldots\ldots & \\
a_{m1}\, x_1 + a_{m2}\, x_2 + a_{m3}\, x_3 + & a_{mn}\, x_n = b_m
\end{array}
$$

Las variables **a** y **b** con subíndices son constantes y $\{x_1, x_2, \ldots, x_n\}$ son las incógnitas, o sea lo que vos tenés que encontrar haciendo algunas cuentitas. Se dice que el sistema es lineal porque las incógnitas están elevadas a la **1**, o sea, $(x_1)^1 = x_1$.
Por ejemplo:

$$
\begin{array}{c}
3\, x_1 + 4\, x_2 + 7\, x_3 + x_4 = 2 \\
x_1 + 6\, x_2 + 2\, x_3 + 3\, x_4 = 0
\end{array}
$$

En este caso, tenemos:

- número de ecuaciones **m = 2**
- numero de incógnitas **n = 4**
- Para la primera ecuación: $a_{11} = 3$, $a_{12} = 4$, $a_{13} = 7$, $a_{14} = 1$, $b_1 = 2$
- Para la segunda ecuación: $a_{12} = 1$, $a_{22} = 6$, $a_{23} = 2$, $a_{24} = 3$, $b_2 = 0$

Todavía faltan algunas definiciones importantes, pero enseguida vamos a ver ejemplos y todo esto te va a quedar mucho más claro, no desesperes.

Sistemas compatibles e incompatibles

Llamamos solución del sistema lineal a la n-upla $\{s_1, s_2,..., s_n\}$ tal que al reemplazar $\{x_1, x_2, ..., x_n\}$ por $\{s_1, s_2,..., s_n\}$ se satisface cada una de las **m** ecuaciones. Podemos tener 3 casos distintos:

- El sistema se dice **INCOMPATIBLE** si no tiene **NINGUNA SOLUCIÓN**
- El sistema se dice **COMPATIBLE DETERMINADO** si tiene **UNA ÚNICA SOLUCIÓN**
- El sistema se dice **COMPATIBLE INDETERMINADO** si tiene **INFINITAS SOLUCIONES**.

Veremos ahora algunos ejemplos sencillos para que esto te quede bien claro.

Ejemplo 1:

$$S = \begin{cases} 2x_1 + x_2 = 7 \\ -x_1 + 4x_2 = 1 \end{cases}$$

S es un sistema de **m = 2** ecuaciones con **n = 2** incógnitas. Veamos en cual de los 3 casos anteriores estamos si pedimos que {1,1} sea solución. Reemplazando $\{x_1, x_2\}$ por {1,1}, nos da esto:

$$S = \begin{cases} 2*1+1*1 = 2+1 = 3 \neq 7 \\ -1*1+4*1 = -1+4 = 3 \neq 1 \end{cases}$$

Vemos que {1,1} no verifica el sistema, entonces el sistema es **incompatible**.

Veamos qué pasa si pedimos que {3,1} sea solución del sistema. Reemplazando $\{x_1, x_2\}$ por {3,1}, te va a quedar este sistemita:

$$S = \begin{cases} 2*3+1*1 = 6+1 = 7 \\ -1*3+4*1 = -3+4 = 1 \end{cases}$$

Entonces decimos que el sistema es **compatible determinado**.
Ahora analicemos el caso en el cual tengo **m** ecuaciones con **m+1** incógnitas. Sea por ejemplo, un sistema con **m = 3** ecuaciones y **4** incógnitas $\{x_1, x_2, x_3, x_4\}$. Este tipo de sistema **SIEMPRE VA A TENER SOLUCION, PORQUE SIEMPRE VAMOS A PODER ESCRIBIR AL MENOS UNA INCOGNITA EN FUNCION DE OTRA.**
Mirá este ejemplo:

$$S = \begin{cases} x_1 + x_2 + x_3 + x_4 = 4 \\ 2x_1 + x_2 + 2x_3 + x_4 = 2 \\ x_1 + x_2 + x_3 = 3 \end{cases}$$

Después te voy a contar cómo resolver este tipo de sistemas. Lo importante es que veas que resolviendo este sistema de 3 ecuaciones con 4 incógnitas, obtenemos el siguiente conjunto de soluciones { $-2-x_3$, 5, x_3, 1 } y que para cada valor que le demos a x_3 , tendremos una solución distinta y válida. Para que te convenzas de esto, veamos qué pasa si le asignamos distintos valores a x_3.
Con $x_3 = 1$ tenemos que la solución es { -3, 5, 1, 1 }, y reemplazando estos valores en S llegamos a:

$$S = \begin{cases} -3+5+1+1=4 \\ 2*(-3)+5+2*1+1=2 \\ -3+5+1=3 \end{cases}$$

Entonces vemos que las tres igualdades se verifican, como esperábamos. Podés intentar asignarle cualquier valor a x_3 y vas a llegar a la misma conclusión: **UN SISTEMA CON M ECUACIONES Y M+1 INCÓGNITAS TIENE INFINITAS SOLUCIONES. SE TRATA DE UN SISTEMA COMPATIBLE INDETERMINADO.**

Sistemas Lineales Homogéneos

Se dice que el sistema es homogéneo cuando b_m es cero en las **m** ecuaciones simultáneamente. Por ejemplo:

$$2x_1 + x_2 + 9x_3 + 5x_4 = 0$$
$$7x_1 + 4x_2 + 2x_3 + x_4 = 0$$
$$x_1 + x_2 + 2x_3 + 3x_4 = 0$$

Además fijate que **{0, 0,..., 0, 0} siempre va a ser solución de un sistema homogéneo** ya que al reemplazar $\{x_1, x_2, ..., x_n\}$ por {0, 0,..., 0, 0} obtendremos "**0 = 0**", que es trivial. **Por último, decimos que dos sistemas de ecuaciones son equivalentes cuando tienen el mismo conjunto de soluciones.**

MATRICES - DEFINICIONES

El sistema de ecuaciones lineales (1) puede escribirse en notación matricial de la siguiente manera:

Ax = B

Es decir:

$$\begin{pmatrix} a_{11}a_{12}a_{13}........a_{1n} \\ a_{21}a_{22}a_{23}......... \\ .... \\ .... \\ a_{m1}a_{m2}a_{m3}.......a_{mn} \end{pmatrix} * \begin{pmatrix} x_1 \\ x_2 \\ ... \\ x_n \end{pmatrix} = \begin{pmatrix} b_1 \\ b_2 \\ ... \\ b_m \end{pmatrix}$$

Donde podés ver que:

$$A = \begin{pmatrix} a_{11}\ a_{12}\ a_{13}\ ....\ a_{1n} \\ a_{21}\ a_{22}\ a_{23}\ .... \\ ....\ \ ....\ \ .. \\ ....\ \ ....\ \ .. \\ a_{m1}\ a_{m2}\ a_{m3}\ ....\ a_{mn} \end{pmatrix}$$

$$X = (x_1, x_2, ..., x_n)$$

$$B = \{b_1, b_2, ..., b_m\}$$

<u>OJO CON ESTO</u>:
Llamamos **filas a los arreglos de números horizontales** y **columnas a los arreglos verticales**. Tenés que ser prudente con el tema de las dimensiones. Fijate lo siguiente. **A es una matriz de dimensión <u>m x n</u>, o sea con m filas y n columnas. El vector X por el cual multiplicás a la matriz A tiene que tener la dimensión de la las columnas de A, es decir, X tiene dimensión <u>n</u>. El vector B entonces va a tener la misma dimensión que las filas de A, es decir, B tiene dimensión <u>m</u>.**

<u>OTRA COSITA MÁS, PARA FIJAR IDEAS</u>:
Fijate que el número de filas viene directamente asociada a la cantidad de ecuaciones y el número de columnas viene dado por la cantidad de incógnitas. El vector X es la solución del sistema, y es lo que hay que buscar.

<u>ADEMAS: Mirá esto otro:</u>

* Si **x** e **y** son dos soluciones distintas del sistema homogéneo, entonces, la suma de ambas **x + y** también lo es.

* Si **x** es una solución del sistema, entonces un múltiplo de **x**, **kx** también lo es, siendo **k** un número real.

* Si **x** e **y** son soluciones de un sistema no homogéneo entonces, **x – y** es solución del homogéneo asociado (que es el mismo que el no homogéneo, pero que en lugar de **B** tiene el vector columna nulo).

* Cualquier solución particular del sistema puede obtenerse si le sumás a una solución del no homogéneo una solución del homogéneo asociado

MATRICES: MODELOS

Matriz cuadrada: Diremos que una matriz A de dimensión m x n es cuadrada si m=n (igual número de filas y columnas). Ejemplo:

$$\begin{pmatrix} 1 & 2 \\ 3 & 4 \end{pmatrix}$$

Matriz rectangular: Diremos que una matriz **m x n** es rectangular si tiene **m distinto de n** (distinto número de filas y columnas).

$$\begin{pmatrix} 1 & 2 \\ 3 & 4 \\ 5 & 6 \end{pmatrix}$$

Matriz o vector fila: matriz o vector que sólo tiene una fila : $\begin{pmatrix} 1 & 7 & 5 \end{pmatrix}$

Matriz o vector columna: matriz o vector que sólo tiene una columna.

$$\begin{pmatrix} 1 \\ 8 \\ 23 \\ 7 \end{pmatrix}$$

Matriz nula: Es aquella que tiene todos sus elementos iguales a cero.

$$\begin{pmatrix} 0 & 0 \\ 0 & 0 \\ 0 & 0 \\ 0 & 0 \\ 0 & 0 \end{pmatrix}$$

Matriz diagonal: Una matriz **CUADRADA** se llama **DIAGONAL** si son cero los elementos que no pertenecen a su diagonal principal.

$$\begin{pmatrix} 2 & 0 & 0 \\ 0 & 4 & 0 \\ 0 & 0 & 9 \end{pmatrix}$$

Matriz identidad: Una matriz cuadrada se llama matriz identidad si es diagonal y los elementos de su diagonal principal valen la unidad.

$$\begin{pmatrix} 1 & 0 & 0 \\ 0 & 1 & 0 \\ 0 & 0 & 1 \end{pmatrix}$$

Matriz traspuesta: Sea A una matriz de **m x n**. Llamamos matriz traspuesta de A a la matriz $\mathbf{A^t}$ de dimensiones **n x m**.

$$A = \begin{pmatrix} 2 & 7 & 5 & 0 & 1 \\ 9 & 1 & 1 & 3 & 0 \end{pmatrix}$$ Siendo su traspuesta: $$A' = \begin{pmatrix} 2 & 9 \\ 7 & 1 \\ 5 & 1 \\ 0 & 3 \\ 1 & 0 \end{pmatrix}$$

O sea, tomo la primera fila de A y la pongo como primer columna de A^t, tomo la segunda fila de A y la pongo como segunda columna de A^t, etc...

SISTEMAS LINEALES Y MATRICES - PROPIEDADES

Ahora vamos a ver algunas propiedades que te van a resultar útiles para resolver sistemas de ecuaciones lineales.
Todas estas propiedades dejan el sistema de ecuaciones intacto respecto a su solución, es decir, por más que operemos en el sistema, la solución es la misma.

1- Multiplicar una de las ecuaciones por una constante no nula.
Por ejemplo, consideremos esta ecuación de una incógnita:

$$X + 1 = 2$$

La solución de esta ecuación es x = 1. Si multiplicamos esta ecuación por un número real distinto de cero, por ejemplo por 5, nos da:

$$5 * (X + 1) = 5 * 2$$

Lo que equivale a multiplicar cada uno de los miembros de la ecuación por 5:

$$5 * X + 5 * 1 = 5 * 2 \qquad \text{o sea} \qquad 5x + 5 = 10$$

Y si te fijás, la solución sigue siendo x = 1.

2- Intercambiar dos de las ecuaciones. Esto es bastante obvio no ? Fijate:

$$2x + y = 3$$
$$4x - 5y = -1$$

Haciendo la cuentita vas a ver que la solución te da: { 1, 1 } . Resulta evidente (o, para usar un término que te debe resultar muy conocido, TRIVIAL) que intercambiando las ecuaciones:

$$4x - 5y = -1$$
$$2x + y = 3$$

Nos da la misma solución. Si no te parece obvio, podés probar resolver ambos sistemas y convencerte

3- Sumar un múltiplo de una de las ecuaciones a otra ecuación. Usemos el último sistema para ver que esto es así.

$$2x + y = 3 \qquad (1)$$
$$4x - 5y = -1 \qquad (2)$$

Sumemos tres veces la ecuación (1) a la ecuación (2):

$$2x + y = 3$$
$$3 * (2x + y) + 4x - 5y = -1 + 3*3$$

Distribuyendo y agrupando "x con x" e "y con y", este choclito da:

$$2x + y = 3$$
$$10x - 2y = 8$$

Si haces la cuenta vas a ver que el conjunto solución del sistema viejo y del nuevo es {1, 1}.

ATENCION CON ESTO: notá que al sumar 3 veces la ecuación (1) a la (2) multipliqué por 3 a ambos lados del signo "=" en (1) y sumé a ambos lados del signo "=" en (2) y esto es algo re importante a tener en cuenta para que esta propiedad se verifique. <u>No te olvides de esto</u>.

Las tres propiedades que te conté acá arriba para ecuaciones lineales se corresponden totalmente con las siguientes operaciones sobre las filas de la matriz asociada al sistema. Entonces, existen 3 operaciones elementales sobre las filas y son las siguientes:

1- Multiplicar una de las filas por una constante no nula. Por ejemplo, veamos qué pasa con el siguiente sistema escrito en notación matricial:

$$\begin{pmatrix} 1 & 1 \\ 3 & 4 \end{pmatrix}\begin{pmatrix} x \\ y \end{pmatrix} = \begin{pmatrix} 2 \\ 7 \end{pmatrix}$$

<u>NOTACIÓN</u>: Fijate que la expresión

$$\begin{pmatrix} 1 & 1 \\ 3 & 4 \end{pmatrix}\begin{pmatrix} x \\ y \end{pmatrix} = \begin{pmatrix} 2 \\ 7 \end{pmatrix}$$

es equivalente a escribir:

$$\left(\begin{array}{cc|c} 1 & 1 & 2 \\ 3 & 4 & 7 \end{array}\right)$$

que es la matriz aumentada o ampliada del sistema. A partir de ahora vamos a usar esta notación, pero no te olvides de lo que representa en realidad.
Si hacés la cuenta te da que la solución es {1, 1}. Ahora, agarro y multiplico la primera fila por 5 y me da:

$$\left(\begin{array}{cc|c} 5*1 & 5*1 & 5*2 \\ 3 & 4 & 7 \end{array}\right) \Leftrightarrow \left(\begin{array}{cc|c} 5 & 5 & 10 \\ 3 & 4 & 7 \end{array}\right)$$

Donde {1, 1}.es también la solución.

2- Intercambiar dos o más las filas. Considerá por ejemplo el sistema que sigue:

$$\left(\begin{array}{ccc|c} 1 & 1 & 1 & 3 \\ 2 & 3 & 1 & 6 \\ 5 & 4 & 7 & 16 \end{array}\right)$$

La solución de este sistema es {1, 1, 1}. Intercambiemos ahora la fila (2) con la (3). Ahora reemplazá { 1, 1, 1 } en este sistema y fijate que las igualdades se verifican.

$$\left(\begin{array}{ccc|c} 1 & 1 & 1 & 3 \\ 5 & 4 & 7 & 16 \\ 2 & 3 & 1 & 6 \end{array}\right)$$

Ahora reemplazá { 1, 1, 1 }.en este sistema y fijate que las igualdades se verifican.

3- Sumar un múltiplo de una de las filas a otra. Por ejemplo, usando la matriz de 3 x 3 de acá arriba, sumemos 4 veces la fila (1) a 2 veces la fila (3). Nos queda este sistema equivalente:

$$\left(\begin{array}{ccc|c} 1 & 1 & 1 & 3 \\ 2 & 3 & 1 & 6 \\ (4*1)+(2*5) & (4*1)+(2*4) & (4*1)+(2*7) & (4*3)+(2*16) \end{array}\right)$$

Que es igual a

$$\left(\begin{array}{ccc|c} 1 & 1 & 1 & 3 \\ 2 & 3 & 1 & 6 \\ 14 & 12 & 18 & 44 \end{array}\right)$$

Y si multiplicás esta matriz por el vector solución del sistema {1, 1, 1} te da:

$$\begin{pmatrix} 1 & 1 & 1 \\ 2 & 3 & 1 \\ 14 & 12 & 18 \end{pmatrix}\begin{pmatrix} 1 \\ 1 \\ 1 \end{pmatrix} = \begin{pmatrix} 3 \\ 6 \\ 44 \end{pmatrix}$$

Tal como lo esperábamos.

Me imagino que hay cosas hasta acá te deben parecer medio sacadas de la galera. No te preocupes, que enseguida te voy a explicar bien algunos métodos para resolver estos problemas matemáticos y todo te va a resultar un poco más fácil.

¿ COMO RESOLVER ESTOS SISTEMAS ? - METODO DE GAUSS

El método de Gauss, conocido también como de triangulación o de cascada, nos permite resolver sistemas de ecuaciones lineales con cualquier número de ecuaciones y de incógnitas. La idea es muy simple; por ejemplo, para el caso de un sistema de tres ecuaciones con tres incógnitas se trata de obtener un sistema equivalente cuya primera ecuación tenga tres incógnitas, la segunda dos y la tercera una. Se obtiene así un **sistema triangular** o en cascada. Fijate :

$$\left(\begin{array}{ccc|c} 1 & 2 & 3 & 6 \\ 2 & 1 & 1 & 4 \\ 4 & 2 & 0 & 6 \end{array}\right) \qquad (1)$$

Ahora vas a ver qué significa **sistema triangular** y cómo obtener tal sistema haciendo uso de las propiedades que vimos más arriba. La idea es tratar de poner un 0 en lugar del 2 en el primer lugar de la fila 2. Para lograr esto, podemos multiplicar por ejemplo la fila 1 por 2 y luego restarle la fila 2, esto es: $2F_1 - F_2$. Fijate:

$$\left(\begin{array}{ccc|c} 1 & 2 & 3 & 6 \\ (2*1)-(2) & (2*2)-1 & (2*3)-1 & (2*6)-4 \\ 4 & 2 & 0 & 6 \end{array}\right)$$

Y fijate cómo esto da un 0 en el primer lugar de la fila 2:

$$\left(\begin{array}{ccc|c} 1 & 2 & 3 & 6 \\ 0 & 3 & 5 & 8 \\ 4 & 2 & 0 & 6 \end{array}\right)$$

Ahora vamos a hacer lo mismo con la fila 3: multipliquemos la fila 1 por 4 y restémosle la fila 3: $4F_1 - F_3$

$$\left(\begin{array}{ccc|c} 1 & 2 & 3 & 6 \\ 0 & 3 & 5 & 8 \\ (4*1)-(4) & (4*2)-(2) & (4*3)-(0) & (4*6)-(6) \end{array}\right)$$

Y este choclazo da:

$$\left(\begin{array}{ccc|c} 1 & 2 & 3 & 6 \\ 0 & 3 & 5 & 8 \\ 0 & 6 & 12 & 18 \end{array}\right)$$

Ahora el punto es poner un 0 en el segundo lugar de la fila 3, es decir en lugar del 6. Operamos de la siguiente forma: $2L_2 - L_3$:

$$\left(\begin{array}{ccc|c} 1 & 2 & 3 & 6 \\ 0 & 3 & 5 & 8 \\ 0 & (2*3)-(6) & (2*5)-(12) & (2*8)-(18) \end{array}\right)$$

Ahora resolvemos las cuentitas y da:

$$\left(\begin{array}{ccc|c} 1 & 2 & 3 & 6 \\ 0 & 3 & 5 & 8 \\ 0 & 0 & -2 & -2 \end{array}\right) \quad (2)$$

¿ Ves que el tema era llegar a una cosa de esta pinta para poder resolver todo bien fácil ? La resolución del sistema es ahora inmediata. Basta calcular **z** en la tercera ecuación, llevar este valor de z a la segunda ecuación para obtener el valor de **y**, y así despejar la incógnita **x** en la primera ecuación, conocidos ya **z** e **y**.

En la fila 3 da **z = (-2/-2) = 1**. Ahora metemos este valor de z en la fila 2 para calcular y:

$$3y + 5z = 8 \qquad \text{o sea} \qquad 3y + 5 * 1 = 8$$

Despejando y nos da: **y = 1**. Con estos valores de {y, z} queda que:

$$x + 2y + 3z = 6 \quad \text{o sea} \qquad x + 2 * 1 + 3 * 1 = 6$$

Y entonces, **x = 1**. O sea obtenemos el siguiente conjunto solución del sistema: **{1, 1, 1}**

¿ QUE COSAS PODEMOS APRENDER DE UNA MATRIZ ?

Estudiamos en este apartado el concepto de rango de una matriz y la forma de hallarlo. Sea **A** una matriz **m x n**. Definimos los siguientes conceptos primero, y después te cuento qué significa cada uno.

rang f (A) = Número de vectores fila linealmente independientes

rang c (A) = Número de vectores columna linealmente independientes

Además se cumple que rang f (A) = rang c (A), es decir que el rango por filas es igual al rango por columnas. Llamaremos rango de una matriz A, rang(A), al número de vectores fila o vectores columna linealmentes.

A esta altura ya te debés estar preguntando qué quiere decir linealmente independiente. No te hagas drama, aquí llega la explicación. Dicho en criollo, un sistema de ecuaciones es **linealmente independiente (L.i.)** cuando ninguna de las filas puede ser obtenida como suma de múltiplos de otras filas. Esto significa que cuando triangules la matriz no te va a quedar ninguna fila nula (o sea, todos ceros). Para que termine de cerrar el concepto sin demostraciones complicadas, veámoslo con este ejemplito:

$$\left(\begin{array}{ccc|c} 1 & 1 & 1 & 3 \\ 1 & 5 & 2 & 8 \\ -1 & -13 & -4 & -18 \end{array}\right)$$

Si mirás fijo el problema te vas a dar cuenta de que la fila 3 es el resultado de la siguiente operación: 2 F_1 - 3 F_2, es decir, 2 veces la fila 1 menos 3 veces la fila 2 (**verificalo !!!**). Si ahora te ponés a triangular el sistema con Gauss, vas a ver que la última fila te va a quedar 0 = 0. Si no me creés, fijate esto: Pongo un cero en el primer lugar de la fila 2 haciendo: $F_2 - F_1$:

$$\left(\begin{array}{ccc|c} 1 & 1 & 1 & 3 \\ 0 & 4 & 1 & 5 \\ -1 & -13 & -4 & -18 \end{array}\right)$$

Ahora pongo un cero en el primer lugar de la fila 3 sumando F_1 y F_2:

$$\left(\begin{array}{ccc|c} 1 & 1 & 1 & 3 \\ 0 & 4 & 1 & 5 \\ 0 & -12 & -3 & -15 \end{array}\right)$$

Fijate que la fila 3 es (-3) veces la fila 2. Si todavía no lo ves hacé esta cuenta para poner un cero en el segundo lugar de la fila 3: $3F_2 + F_3$

$$\left(\begin{array}{ccc|c} 1 & 1 & 1 & 3 \\ 0 & 4 & 1 & 5 \\ 0 & 0 & 0 & 0 \end{array}\right)$$

Entonces el sistema original no era linealmente independiente. Decimos que es un **<u>sistema linealmente dependiente</u> (L.d.)**. Para expresar la solución cuando un sistema te queda indeterminado, tenés que elegir una o más variables como parámetros, y escribir el resto en función de estas. La cantidad de parámetros que vas a usar para expresar las demás variables tiene que ser igual a:

Cantidad de parámetros total – cantidad de ecuaciones no nulas

En este caso eso se reduce a 3 - 2 = 1.

En cambio, el sistema (1) es **<u>linealmente independiente</u>** . Podés comprobarlo después de operar con el método de Gauss y llegar al sistema equivalente (2) .

OPERACIONES ENTRE MATRICES

Así como los vectores, las matrices se suman y se multiplican. Suena lógico, no?
Ya vimos que los vectores pueden pensarse como matrices fila o columna. Entonces, veamos cómo se opera entre matrices.

SUMA y RESTA:

Viste que para sumar vectores necesitas que tengan la misma dimensión. O sea, no podés sumar un vector de dimensión 2 con uno de dimensión 3, por ejemplo, (2, 7) + (3, -9, -4) no es una operación válida.
Consideremos dos matrices A, B con las mismas dimensiones. No importa que sean cuadradas o rectangulares, sólo importa que tengan la misma dimensión.
Supongamos:

$$A = \begin{pmatrix} 2 & 8 \\ 5 & -4 \end{pmatrix} \quad \text{y} \quad B = \begin{pmatrix} -7 & 20 \\ -9 & 6 \end{pmatrix}$$

La suma **A + B** es:

$$A + B = \begin{pmatrix} 2 & 8 \\ 5 & -4 \end{pmatrix} + \begin{pmatrix} -7 & 20 \\ -9 & 6 \end{pmatrix} = \begin{pmatrix} 2 + (-7) & 8 + 20 \\ 5 + (-9) & -4 + 6 \end{pmatrix}$$

Es decir: suma de matrices de las mismas dimensiones, es la aplicación que asocia a cada par de matrices otra matriz de las mismas dimensiones cuyos elementos se obtienen sumando término a término los elementos correspondientes en dichas matrices. Y esto da:

$$A + B = \begin{pmatrix} -5 & 28 \\ -4 & 2 \end{pmatrix}$$

Propiedades de la suma de matrices:

Dadas A, B y C tres matrices de m x n, se cumplen las siguientes propiedades:

1- A + 0 = A
2- 0A = 0
3- A + B = B + A
4- (A + B) + C = A + (B + C)

MULTIPLICACION

Ahora vamos a ver cómo multiplicar matrices. Para que se puedan multiplicar dos matrices, preciso que el número de columnas de la primera es igual al número de filas de la segunda matriz.

Para que te quede más claro veámoslo con un ejemplo :

$$A = \begin{pmatrix} 1 & 2 & 3 \\ 4 & 5 & 6 \end{pmatrix} \qquad \text{y} \qquad B = \begin{pmatrix} 1 & 1 & 2 & 4 \\ 0 & 1 & 3 & 1 \\ 4 & 7 & 6 & 1 \end{pmatrix}$$

¿ Ahora, qué hacemos con esto ? Gráficamente, la cosa es así:

$$A \times B = \begin{pmatrix} (1*1)+(2*0)+(3*4) & (1*1)+(2*1)+(3*7) & (1*2)+(2*3)+(3*6) & (1*4)+(2*1)+(3*1) \\ (4*1)+(5*0)+(6*4) & (4*1)+(5*1)+(6*7) & (4*2)+(5*3)+(6*6) & (4*4)+(5*1)+(6*1) \end{pmatrix}$$

O sea, en el primer lugar de la fila 1 de la matriz producto pongo la suma de lo siguiente:

(el lugar 1 de la fila 1 de A por el lugar 1 de la columna 1 de B) +
(el lugar 2 de la fila 1 de A por el lugar 2 de la columna 1 de B) +
(el lugar 3 de la fila 1 de A por el lugar 3 de la columna 1 de B) +

En el segundo lugar de la fila 1 de la matriz producto pongo:

(el lugar 1 de la fila 1 de A por el lugar 1 de la columna 2 de B) +
(el lugar 2 de la fila 1 de A por el lugar 2 de la columna 2 de B) +
(el lugar 3 de la fila 1 de A por el lugar 3 de la columna 2 de B) +

Y así sucesivamente, como vas a darte cuenta siguiendo las cuentas de la matriz producto. O sea, lo que hacés es tomar cada fila de A con cada columna de B y hacer el producto escalar entre ambas. Siempre controlá las dimensiones del resultado para quedarte tranquilo/a, en este caso, como A es de 2 x 3 y B es de 3 x 4, el resultado te queda de 2 x 4.
Es más complicado escribirlo que la cuenta en sí, no te preocupes. Con un par de ejercicios de multiplicación de matrices todo va a quedar realmente claro. Pero, seguí las cuentas que hice arriba para tener el detalle.

Propiedades de la multiplicación:

1-**Es asociativa**: (A . B) . C = A . (B . C)
para mostrar un ejemplo Sean A, B y C 3 matrices de 2 x 2 :

$$A = \begin{pmatrix} 1 & 4 \\ 3 & 2 \end{pmatrix} \qquad B = \begin{pmatrix} -5 & 1 \\ 2 & -1 \end{pmatrix} \qquad \text{y} \qquad C = \begin{pmatrix} 2 & 0 \\ 1 & 4 \end{pmatrix}$$

Veamos cuánto da el producto A.B:

$$A.B=\begin{pmatrix}1&4\\3&2\end{pmatrix}\begin{pmatrix}-5&1\\2&-1\end{pmatrix}=\begin{pmatrix}(-5*1)+(4*2)&(1*1)+(-1*4)\\(-5*3)+(2*2)&(3*1)+(-1*2)\end{pmatrix}=\begin{pmatrix}3&-3\\-11&1\end{pmatrix}$$

Y multipliquemos el resultado por C:

$$(A.B).C=\begin{pmatrix}3&-3\\-11&1\end{pmatrix}\begin{pmatrix}2&0\\1&4\end{pmatrix}=\begin{pmatrix}(3*2)+(-3*1)&(3*0)+(-3*4)\\(-11*2)+(1*1)&(-11*0)+(1*4)\end{pmatrix}=\begin{pmatrix}3&-12\\-21&4\end{pmatrix}$$

Ahora veamos el producto B.C:

$$B.C=\begin{pmatrix}-5&1\\2&-1\end{pmatrix}\begin{pmatrix}2&0\\1&4\end{pmatrix}=\begin{pmatrix}(-5*2)+(1*1)&(-5*0)+(1*4)\\(2*2)+(-1*1)&(2*0)+(-1*4)\end{pmatrix}=\begin{pmatrix}-9&4\\3&-4\end{pmatrix}$$

Y multipliquemos por A a la izquierda:

$$A.(B.C)=\begin{pmatrix}1&4\\3&2\end{pmatrix}\begin{pmatrix}-9&4\\3&-4\end{pmatrix}=\begin{pmatrix}(-9*1)+(4*3)&(1*4)+(-4*4)\\(-9*3)+(2*3)&(3*4)+(-4*2)\end{pmatrix}=\begin{pmatrix}3&-12\\-21&4\end{pmatrix}$$

Y quedo demostrado que la multiplicación de matrices es asociativa.

2-**Es distributiva**: A (B + C) = A B + A C

Veamos la suma B + C:

$$B+C=\begin{pmatrix}-5&1\\2&-1\end{pmatrix}+\begin{pmatrix}2&0\\1&4\end{pmatrix}=\begin{pmatrix}-5+2&1+0\\2+1&-1+4\end{pmatrix}=\begin{pmatrix}-3&1\\3&3\end{pmatrix}$$

Ahora multipliquemos A por la izquierda:

$$A.(B+C)=\begin{pmatrix}1&4\\3&2\end{pmatrix}\begin{pmatrix}-3&1\\3&3\end{pmatrix}=\begin{pmatrix}(-3*1)+(4*3)&(1*1)+(3*4)\\(-3*3)+(2*3)&(3*1)+(3*2)\end{pmatrix}=\begin{pmatrix}9&13\\-3&9\end{pmatrix}$$

Ahora veamos el producto A.C:

$$A.C=\begin{pmatrix}1&4\\3&2\end{pmatrix}\begin{pmatrix}2&0\\1&4\end{pmatrix}=\begin{pmatrix}(1*2)+(4*1)&(1*0)+(4*4)\\(3*2)+(2*1)&(3*0)+(2*4)\end{pmatrix}=\begin{pmatrix}6&16\\8&8\end{pmatrix}$$

Y sumémosle lo que nos dio A.B más arriba:

$$A.B+A.C=\begin{pmatrix}3&-3\\-11&1\end{pmatrix}+\begin{pmatrix}6&16\\8&8\end{pmatrix}=\begin{pmatrix}3+6&-3+16\\-11+8&1+8\end{pmatrix}=\begin{pmatrix}9&13\\-3&9\end{pmatrix}$$

Y quedó demostrado que la multiplicación es distributiva. **Pero ojo, no es conmutativa !!!!!!! Mira lo que pasa con los productos A.C y C.A:**

A.C ya lo tenemos. Calculemos C.A.

$$C.A = \begin{pmatrix} 2 & 0 \\ 1 & 4 \end{pmatrix}\begin{pmatrix} 1 & 4 \\ 3 & 2 \end{pmatrix} = \begin{pmatrix} (2*1)+(0*3) & (2*4)+(0*2) \\ (1*1)+(4*3) & (1*4)+()4*2 \end{pmatrix} = \begin{pmatrix} 2 & 8 \\ 13 & 12 \end{pmatrix}$$

Y A.C daba:

$$A.C = \begin{pmatrix} 6 & 16 \\ 8 & 8 \end{pmatrix}$$

Así que ya quedo demostrado que no es conmutativa. Sin embargo, para algunas matrices particulares si se cumple, pero esto no ocurre siempre, así que ojo con esto !

INVERSA DE UNA MATRIZ

Primero unas definiciones. Para poder definir inversa es preciso aclarar que sólo podemos calcularla si la matriz es cuadrada, sino, no. Sea entonces A una matriz de n x n y sea B su inversa. A y B verifican que:

A. B = B. A = I

Donde I es la matriz identidad de dimensión n x n, y como te darás cuenta en este caso la multiplicación de A. B es conmutativa, ya que A. B = B. A.
El tema es que no siempre es posible calcular la inversa, pero esto ya lo vamos a ver más adelante, cuando estudiemos determinantes. La cosa es que si existe, B es única y por notación escribimos: A^{-1} como la inversa de A.

¿ Cómo obtener la matriz inversa de A ?

Para obtener la inversa trabajamos en 2 etapas. Para verlo claramente, usemos la siguiente matriz:

$$A = \begin{pmatrix} 2 & 3 \\ 1 & 5 \end{pmatrix}$$

Calculemos su inversa de esta forma:

$$\left(\begin{array}{cc|cc} 2 & 3 & 1 & 0 \\ 1 & 5 & 0 & 1 \end{array}\right)$$

El tema es triangular A por encima y por debajo de su diagonal principal de modo que nos quede la identidad de 2 x 2 a la izquierda, y a la derecha, la matriz inversa de A. Ojo, que si no te queda la identidad a la izquierda, significa que A no es inversible.

Parece complicado, pero no es tan terrible si la matriz no es enorme. El primer paso es triangular por debajo, como hicimos cuando estudiamos el método de Gauss. Hagámoslo ! Hago esta operación entre filas: $L_1 - 2\,L_2$

$$\left(\begin{array}{cc|cc} 2 & 3 & 1 & 0 \\ 2-2*1 & 3-2*5 & 1-2*0 & 0-2*1 \end{array}\right)$$

Y esto nos da:

$$\left(\begin{array}{cc|cc} 2 & 3 & 1 & 0 \\ 0 & -7 & 1 & -2 \end{array}\right)$$

Ahora triangulemos por encima de la diagonal. O sea, queremos poner un cero en lugar del 3 que esta en la fila 1 y en la columna 2 de la matriz de la izquierda. Para eso, hacemos esta cuenta: $7L_1 + 3L_2$:

$$\left(\begin{array}{cc|cc} (7*2)+(3*0) & (7*3)+(-7*3) & (7*1)+(3*1) & (7*0)+(-2*3) \\ 0 & -7 & 1 & -2 \end{array}\right)$$

Esto da:

$$\left(\begin{array}{cc|cc} 14 & 0 & 10 & -6 \\ 0 & -7 & 1 & -2 \end{array}\right)$$

Ahora lo que queremos es dejar la identidad a la izquierda, así que vamos a dividir la fila 1 de cada matriz por 14 y la fila 2 por -7:

$$\left(\begin{array}{cc|cc} 14\,/14 & 0\,/14 & 10\,/14 & -6\,/14 \\ 0\,/(-7) & -7\,/(-7) & 1\,/(-7) & -2\,/(-7) \end{array}\right)$$

Y tenemos finalmente, simplificando cuando es posible:

$$\left(\begin{array}{cc|cc} 1 & 0 & 5/7 & -3/7 \\ 0 & 1 & -1/7 & 2/7 \end{array}\right)$$

Siendo la matriz de la derecha, la inversa de A. Ahora verifiquemos que esté bien el resultado ! Es re importante que siempre verifiques para estar tranquilo de que no cometiste ningún error de cuentas. Es fácil tener errores pavos al hacer una doble triangulación.

Para verificar, te alcanza con ver que $A.\,A^{-1} = I$, con I la matriz identidad de 2 x 2. Mirá:

$$A \cdot A^{-1} = \begin{pmatrix} 2 & 3 \\ 1 & 5 \end{pmatrix} \begin{pmatrix} 5/7 & -3/7 \\ -1/7 & 2/7 \end{pmatrix}$$

$$= \begin{pmatrix} (2 * 5/7) + (-3 * 1/7) & (-2 * 3/7) + (3 * 2/7) \\ (1 * 5/7) + (-5 * 1/7) & (-1 * 3/7) + (5 * 2/7) \end{pmatrix}$$

$$= \begin{pmatrix} 10/7 - 3/7 & -6/7 + 6/7 \\ 5/7 - 5/7 & -3/7 + 10/7 \end{pmatrix} = \begin{pmatrix} 7/7 & 0 \\ 0 & 7/7 \end{pmatrix} = \begin{pmatrix} 1 & 0 \\ 0 & 1 \end{pmatrix}$$

Y entonces podemos decir que el resultado que tenemos para la inversa de A es correcto, y no sólo eso: **ES UNICO** ! Esto es súper importante: **SI EXISTE LA INVERSA, ES ÚNICA, O SEA, SOLO HAY UNA MATRIZ A^{-1} QUE VERIFIQUE QUE $A.A^{-1}$ = I.**

CONCLUSIONES:

Todas estas afirmaciones son equivalentes, y tenés que entenderlas y poder usarlas indistintamente:

- A es inversible
- La solución del sistema Ax = b es única, cualquiera sea b. (O sea que la solución sea única depende sólo de cómo es la matriz A)
- El sistema homogéneo Ax = 0 sólo admite la solución trivial: x = 0

Cuando veamos determinantes, vamos a poder imponer otro criterio para saber qué tipo de sistema tenemos.
Fin de la teoría de Matrices y sistemas de ecuaciones. Vamos a los ejercicios.

EJERCICIOS SACADOS DE PARCIALES

1 Sean $A=\begin{pmatrix}6 & 15 & 12 & 15\\ 2 & -6 & -3 & 0\\ 1 & -1 & 1 & 2\\ 1 & 4 & 3 & 4\end{pmatrix}$ y $\mathbf{b}=\begin{pmatrix}a+2\\ a-1\\ -2a\\ a\end{pmatrix}$.

Hallar todos los valores de $a \in \mathbb{R}$ para los cuales el sistema $A\mathbf{x}=\mathbf{x}+\mathbf{b}$, con $\mathbf{x}\in\mathbb{R}^{4\times1}$, es compatible. Para alguno de los valores de a hallados, resolver el sistema.

El tema acá es no asustarse y mirar fijo el enunciado. Lo que tenemos acá es un sistema del tipo Ax = x + b. Como lo que te piden es que encuentres todos los valores de a real para que el sistema sea compatible, lo más práctico es que pongas todas las "x" del mismo lado... al fin y al cabo, se trata de una ecuación matricial, así que, respetando las propiedades matriciales, lo podés manejar como una ecuación cualquiera.

$$Ax = x + b \quad \Rightarrow \quad Ax - x = b$$

Como te dije antes, usamos esta propiedad de la matriz identidad:

$$x = x * I = I * x$$

Entonces, hacemos:

$$Ax - x = b \quad \Rightarrow \quad Ax - Ix = b \quad \Rightarrow \quad (A - I)\, x = b$$

Y ahora el sistema que vamos a resolver es (A - I) x = b

Calculemos A – I:

$$A-I=\begin{pmatrix}6 & 15 & 12 & 15\\ 2 & -6 & -3 & 0\\ 1 & -1 & 1 & 2\\ 1 & 4 & 3 & 4\end{pmatrix}-\begin{pmatrix}1 & 0 & 0 & 0\\ 0 & 1 & 0 & 0\\ 0 & 0 & 1 & 0\\ 0 & 0 & 0 & 1\end{pmatrix}=\begin{pmatrix}5 & 15 & 12 & 15\\ 2 & -7 & -3 & 0\\ 1 & -1 & 0 & 2\\ 1 & 4 & 3 & 3\end{pmatrix}$$

De manera general, para ver si un sistema es compatible hay dos maneras:

- Triangulando por Gauss
- Con el cálculo del determinante de (A - I)

Vamos a triangular por Gauss. Resolvamos:

$$\begin{pmatrix} 5 & 15 & 12 & 15 & a+2 \\ 2 & -7 & -3 & 0 & a-1 \\ 1 & -1 & 0 & 2 & -2a \\ 1 & 4 & 3 & 3 & a \end{pmatrix} \Rightarrow \begin{matrix} 2F_1 - 5F_2 \\ F_1 - 5F_3 \\ F_1 - 5F_4 \end{matrix} \Rightarrow \begin{pmatrix} 5 & 15 & 12 & 15 & a+2 \\ 0 & 65 & 39 & 30 & -3a+9 \\ 0 & 20 & 12 & 5 & 11a+2 \\ 0 & -5 & -3 & 0 & -4a+2 \end{pmatrix}$$

Como 65 y 20 son múltiplos de 5, vamos a hacer el cambiazo de filas, y nos va a quedar:

$$\begin{pmatrix} 5 & 15 & 12 & 15 & a+2 \\ 0 & -5 & -3 & 0 & -4a+2 \\ 0 & 20 & 12 & 5 & 11a+2 \\ 0 & 65 & 39 & 30 & -3a+9 \end{pmatrix} \Rightarrow \begin{matrix} 4F_2 + F_3 \\ 13F_2 + F_4 \end{matrix} \Rightarrow \begin{pmatrix} 5 & 15 & 12 & 15 & a+2 \\ 0 & -5 & -3 & 0 & -4a+2 \\ 0 & 0 & 0 & 5 & -5a+10 \\ 0 & 0 & 0 & 30 & -55a+35 \end{pmatrix}$$

$$6F_3 - F_4 \Rightarrow \begin{pmatrix} 5 & 15 & 12 & 15 & a+2 \\ 0 & -5 & -3 & 0 & -4a+2 \\ 0 & 0 & 0 & 5 & -5a+10 \\ 0 & 0 & 0 & 0 & 25a+25 \end{pmatrix}$$

Entonces, después de triangular toda la matriz, Se nos anuló una sola fila, la última. Fijate bien que si a es distinto de -1, queda un absurdo del tipo "cero igual a algo distinto de cero". De esta forma, concluimos que el único valor de a para el cual el sistema es compatible es:

$$a = -1$$

Como te piden que para alguno de los valores de a encontrados resuelvas el sistema, reemplazamos por a = -1, que es el único valor de a tal que el sistema sea compatible. Como ya tenemos la matriz triangulada, la cosa es sencilla:

$$\begin{pmatrix} 5 & 15 & 12 & 15 & 1 \\ 0 & -5 & -3 & 0 & 6 \\ 0 & 0 & 0 & 5 & 15 \\ 0 & 0 & 0 & 0 & 0 \end{pmatrix}$$

De la tercera fila, queda: $x_4 = 3$. En la segunda fila despejamos x_2.en función de x_3. Esto nos da:

$$-5x_2 = 6 + 3x_3 \Rightarrow x_2 = -\frac{6}{5} - \frac{3}{5}x_3$$

Y con los valores de x_2 y x_4 vamos a despejar x_1 en función de x_3

$$5x_1 = 1 - 15x_2 - 12x_3 - 15x_4 = 1 - 15\left(-\frac{6}{5} - \frac{3}{5}x_3\right) - 12x_3 - 15 * 3 = -26 + 3x_3$$

De modo que $x_1 = -\frac{26}{5} + \frac{3}{5}x_3$

Conclusión: El conjunto de soluciones del sistema compatible para a = -1 es infinito (hay una solución para cada valor de x_3):

$$S = \left(-\frac{26}{5} + \frac{3}{5}x_3, -\frac{6}{5} - \frac{3}{5}x_3, x_3, 3\right) = \left(-\frac{26}{5}, -\frac{6}{5}, 0, 3\right) + x_3\left(\frac{3}{5}, -\frac{3}{5}, 1, 0\right)$$

O sea, con a = -1 te queda un sistema compatible, pero como la solución te queda en función de una de las variables, el sistema es indeterminado.

---

2. Hallar todos los valores de $k \in \mathbb{R}$ tales que $(0,1,k,-1)$ es una de las infinitas soluciones

del sistema $\begin{cases} x_1 + 6x_2 - x_4 = 7 \\ 3x_1 - kx_3 - x_4 = -3 \\ kx_1 + 4x_2 + x_4 = 3 \\ - 8x_2 + 3x_4 = -11 \end{cases}$.

Para alguno de los valores de k hallados, resolver el sistema.

Acá te están pidiendo todos los valores de k tales que (0, 1, k, -1) sea una de las infinitas soluciones del sistema.

<u>**Primero, veamos que (0, 1, k, -1) es efectivamente solución**</u>

Lo que hacemos es reemplazar la cuaterna (x_1, x_2, x_3, x_4) por (0, 1, k, -1) e igualar a b = (7, -3, 3, -11). Nos queda el siguiente sistemita:

$$\begin{array}{llll} 0 + 6 & & - (-1) = 7 = 7 \\ 0 & - k^2 & - (-1) = 1 - k^2 = -3 \\ 0 + 4 & & + (-1) = 3 = 3 \\ \ \ - 8 & & + (-3) = -11 = -11 \end{array}$$

Tres de las cuatros ecuaciones se verifican de manera trivial. Entonces nos queda sólo por analizar la ecuación:

$$1 - k^2 = -3 \quad \Rightarrow \quad 4 - k^2 = 0 \quad \Rightarrow \quad (2 - k)(2 + k) = 0$$

Esto se cumple si y sólo si: k = 2 o k = -2

Entonces, hasta acá, recapitulemos: Encontramos dos valores de k tales que el vector (0, 1, k, -1) sea solución del sistema planteado, o sea, para otros valores de k distintos de 2 o de -2 este vector no va a verificar las 4 ecuaciones.

Veamos que (0, 1, k, -1) es sólo una de las INFINITAS soluciones

Ahora, el enunciado dice: " hallar todos los valores de k tales que **(0, 1, k, -1) ES UNA DE LAS INFINITAS SOLUCIONES** ". Entonces, tenemos que ver que tipo de sistema nos queda para cada uno de los dos únicos valores de k obtenidos. Así que manos a la obra.
Vamos a reemplazar por los valores de k en el sistema y vamos a triangularlo. Si nos quedan una o más filas como combinación lineal de otras filas, entonces el sistema tendrá infinitas soluciones (que es lo que estamos buscando). En cambio, si el sistema es linealmente independiente, (0, 1, k, -1) será la única solución posible. Primero escribamos el sistema en forma matricial, como lo hicimos anteriormente:

$$\left(\begin{array}{cccc|c} 1 & 6 & 0 & -1 & 7 \\ 3 & 0 & -k & -1 & -3 \\ k & 4 & 0 & 1 & 3 \\ 0 & -8 & 0 & 3 & -11 \end{array}\right)$$

Empecemos reemplazando por k = -2 y triangulemos. Te dejo a vos ver qué operaciones entre filas uso, pero es bastante evidente de todos modos:

$$\left(\begin{array}{cccc|c} 1 & 6 & 0 & -1 & 7 \\ 3 & 0 & 2 & -1 & -3 \\ -2 & 4 & 0 & 1 & 3 \\ 0 & -8 & 0 & 3 & -11 \end{array}\right) \Rightarrow \left(\begin{array}{cccc|c} 1 & 6 & 0 & -1 & 7 \\ 0 & 18 & -2 & -2 & 24 \\ 0 & 16 & 0 & -1 & 17 \\ 0 & -8 & 0 & 3 & -11 \end{array}\right)$$

Intercambio las filas 2 y 4 y sigo triangulando:

$$\left(\begin{array}{cccc|c} 1 & 6 & 0 & -1 & 7 \\ 0 & -8 & 0 & 3 & -11 \\ 0 & 16 & 0 & -1 & 17 \\ 0 & 18 & -2 & -2 & 24 \end{array}\right) \Rightarrow \left(\begin{array}{cccc|c} 1 & 6 & 0 & -1 & 7 \\ 0 & -8 & 0 & 3 & -11 \\ 0 & 0 & 0 & 5 & 5 \\ 0 & 18 & -2 & -2 & 24 \end{array}\right)$$

Ya no vale la pena seguir adelante con la triangulación. Claramente el sistema es linealmente independiente, ya que ninguna de sus filas puede ser obtenida como combinación lineal de otra/s. Fijate que F_1, F_2 y F_3 son L. i. y además F_2 y F_4 también lo son, así que por carácter transitivo, el sistema es L. i. para k = - 2.

Ahora reemplacemos por k = 2 y triangulemos:

$$\left(\begin{array}{cccc|c} 1 & 6 & 0 & -1 & 7 \\ 3 & 0 & -2 & -1 & -3 \\ 2 & 4 & 0 & 1 & 3 \\ 0 & -8 & 0 & 3 & -11 \end{array}\right) \Rightarrow \left(\begin{array}{cccc|c} 1 & 6 & 0 & -1 & 7 \\ 0 & 18 & 2 & -2 & 24 \\ 0 & 8 & 0 & -3 & 11 \\ 0 & -8 & 0 & 3 & -11 \end{array}\right)$$

Acá ya podemos parar un cachito, porque es trivial que $F_4 = (-1)\,F_3$. Así que con k = 2 obtenemos un sistema de infinitas soluciones

Resolución del sistema:

Ahora, y por último, nos piden que resolvamos el sistema para alguno de los k hallados (o sea, para el único en este caso).

$$\left(\begin{array}{cccc|c} 1 & 6 & 0 & -1 & 7 \\ 0 & 18 & 2 & -2 & 24 \\ 0 & 0 & 8 & 19 & -3 \\ 0 & 0 & 0 & 0 & 0 \end{array}\right)$$

Elijo poner todo en función de x_4. Me queda:

$$8x_3 = -3 - 19\,x_4 \quad \Rightarrow \quad x_3 = -\frac{3}{8} - \frac{19}{8}x_4$$

Asimismo: $$x_2 = \frac{(24 - 2x_3 + 2x_4)}{18} = \frac{\left(24 - 2\left(-\frac{3}{8} - \frac{19}{8}x_4\right) + 2x_4\right)}{18} = \frac{11}{8} + \frac{3}{8}x_4$$

Y finalmente:

$$x_1 = 7 - 6x_2 + x_4 = 7 - 6\left(\frac{11}{8} + \frac{3}{8}x_4\right) + x_4 = -\frac{5}{4} - \frac{5}{4}x_4$$

Conclusión: Las infinitas soluciones del sistema con k = 2 se pueden escribir según:

$$S = \left(-\frac{5}{4} - \frac{5}{4}x_4, \frac{11}{8} + \frac{3}{8}x_4, -\frac{3}{8} - \frac{19}{8}x_4, x_4\right)$$

Que también puede expresarse según:

$$S = \left(-\frac{5}{4}, \frac{11}{8}, -\frac{3}{8}, 0\right) + \left(-\frac{5}{4}, \frac{3}{8}, -\frac{19}{8}, 1\right) x_4$$

Fijate que el ejercicio es bastante fácil. Lo más importante es saber por dónde vas a empezar y hacia donde tenés que ir, **antes de comenzar a resolver... tenés que tener en claro el plan del trabajo a realizar**.

---

3 . Hallar, si existen, a y b sabiendo que $(1,1,1,-1)$ y $(3,4,3,0)$ son soluciones del sistema

$$\begin{cases} x_1 + a^2 x_2 + 5a x_3 + x_4 = -a^2 + 3 \\ x_1 + 2x_3 + b x_4 = 9 \\ 2x_1 + 9x_2 - 13x_3 - 5x_4 = 3 \end{cases}$$

y calcular todas las soluciones del sistema para los valores de a y b encontrados.

En este problema el razonamiento es similar al del ejercicio anterior, así que sólo te pongo las cuentas claves y listo.

Si (1, 1, 1, -1) es solución, entonces tenemos el sistema S1:

$$1 + a^2 + 5a - 1 = -a^2 + 3$$
$$1 + 2 - b = 9$$
$$2 + 9 - 13 + 5 = 3$$

Si (3, 4, 3, 0) es solución, entonces tenemos el sistema S2:

$$3 + 4a^2 + 15a + 0 = -a^2 + 3$$
$$3 + 6 + 0 = 9$$
$$6 + 36 - 39 + 0 = 3$$

De S1 tenemos que b debe ser tal que:

$$1 + 2 - b = 9 \Rightarrow \quad b = -6$$

Además, de S1 nos queda:

$$1 + a^2 + 5a - 1 + a^2 - 3 = 0 \quad \Rightarrow \quad 2a^2 + 5a - 3 = 0$$

Y resolviendo la cuadrática en a nos quedan estos dos valores posibles:

$$a = -3 \qquad a = \frac{1}{2}$$

Por otro lado, de S2 tenemos que:

$$3 + 4\,a^2 + 15\,a + a^2 - 3 = 0 \qquad \Rightarrow \qquad 5\,a^2 + 15\,a = 0$$

De donde sacamos que: a= -3 o a = 0

Por lo tanto, para satisfacer ambos sistemas S1 y S2 de modo tal que ambos vectores (1, 1, 1, -1) y (3, 4, 3, 0) sean soluciones sólo puede ser el valor de a común a S1 y S2: a = -3

Ahora, para a = -3 y b = -7, resolvemos el problema:

$$\left(\begin{array}{cccc|c} 1 & 9 & -15 & 1 & -6 \\ 1 & 0 & 2 & -6 & 9 \\ 2 & 9 & -13 & -5 & 3 \end{array}\right) \Rightarrow \left(\begin{array}{cccc|c} 1 & 9 & -15 & 1 & -6 \\ 0 & 9 & -17 & 7 & -15 \\ 0 & 9 & -17 & 7 & -15 \end{array}\right)$$

Fijate que la fila 3 es igual a la fila 2, así que nos quedan 2 parámetros libres. Elijo arbitrariamente a x_3 y a x_4 y despejo:

$$x_2 = \frac{1}{9}(-15 + 17x_3 - 7x_4)$$

$$x_1 = -6 - 9x_2 + 15x_3 - x_4 = -6 - 9 * \frac{1}{9}(-15 + 17x_3 - 7x_4) + 15x_3 - x_4$$

$$= -6 - (-15 + 17x_3 - 7x_4) + 15x_3 - x_4 = 9 - 2x_3 + 6x_4$$

De modo que la solución a nuestro problema se puede escribir como:

$$S = \left(9 - 2x_3 + 6x_4, \frac{1}{9}(-15 + 17x_3 - 7x_4), x_3, x_4\right)$$

O, lo que es lo mismo,

$$S = \left(9, -\frac{5}{3}, 0, 0\right) + \left(-2, \frac{17}{9}, 1, 0\right)x_3 + \left(6, -\frac{7}{9}, 0, 1\right)x_4$$

---

4 . El conjunto de las soluciones de $A\mathbf{x} = \mathbf{b}$ es $\lambda(1,1,-2) + (-2,-1,2)$. Dos soluciones de $B\mathbf{x} = \mathbf{b}$ son $(3,0,-2)$ y $(0,3,-5)$. Hallar una solución de $A\mathbf{x} = \mathbf{b}$ que también sea solución de $B\mathbf{x} = \mathbf{b}$

Nos piden encontrar una solución de $Ax = b$ que también lo sea de $Bx = b$. O sea, lo que tenemos que hacer es buscar la intersección de los conjuntos solución de ambos sistemas lineales. El **conjunto solución S_A** de $Ax = b$ es un dato del problema. El **conjunto solución S_B** de $Bx = b$ es desconocido por el momento, pero nos dan dos soluciones particulares de este sistema, así que no es tan complicado calcularlo. En lo único que tenés que tener cuidado es en lo que te explico a continuación. Estamos en R^3, de modo que podemos tener las siguientes soluciones en un tal espacio vectorial:

- un punto
- una recta
- un plano

Como el enunciado nos da 2 puntos que verifican $Bx = b$, entonces, sabemos que como mínimo el conjunto de soluciones será una recta, y como máximo, un plano. Como igual lo que nos interesa es ver la intersección de S_A y de S_B, y además, cualquier recta que una dos puntos que pertenecen a un plano cualquiera está también incluida en dicho plano. Es decir que si encontramos la recta que une a los puntos dados por el enunciado, podemos asegurar que esta recta pertenece a S_B.
Podemos calcular la pendiente de esta recta L_B restando los puntos dados:

$$(3, 0, -2) - (0, 3, -5) = (3, -3, 3)$$

Además, como ambos puntos pertenecen a la recta, podemos escribir la ecuación de L_B como:

$$L_B : \beta\,(3, -3, 3) + (3, 0, -2)$$

Ahora la cosa ya es sencillita: buscamos la intersección de L_B y la recta solución de $Ax = b$, L_A, cuya ecuación es dato, como ya dijimos antes:

$$L_A: \lambda\,(1, 1, -2) + (-2, -1, 2)$$

Te acordás cómo hacíamos esto? Igualábamos ambas ecuaciones componente a componente y hallábamos los parámetros desconocidos.

$$3\beta + 3 = \lambda - 2$$
$$-3\beta = \lambda - 1$$
$$3\beta - 2 = -2\lambda + 2$$

Restando la tercera ecuación a la primera, eliminamos β y obtenemos:

$$5 = 3\lambda - 4 \quad \Rightarrow \quad \lambda = 3$$

De la segunda ecuación obtenemos: $\beta = -2/3$. Reemplazando λ en la ecuación de L_A

obtenemos:

$$3\,(1, 1, -2) + (-2, -1, 2) = (1, 2, -4)$$

Fijate que da lo mismo que reemplaces λ en la ecuación de L_A o β en la ecuación de L_B. Si esto no te convence, hacé la cuenta para comprobarlo.

<u>Conclusión:</u> El punto que pertenece simultáneamente a ambos conjuntos de soluciones, S_A Y S_B es: (1, 2, -4).

---

5 Determinar a y b para que el sistema $\begin{cases} 2x_1 + 2x_2 + x_3 = 3 \\ x_1 - x_2 + 3x_3 - x_4 = 2 \\ 2ax_1 + 7x_3 - 2x_4 = 7 \\ x_1 + 3x_2 - ax_3 + x_4 = b \end{cases}$ admita a (1,0,1,2) como solución. Resolver el sistema hallado.

Este problema es muy similar a los primeros que resolvimos. Es incluso un poco más sencillo, porque tiene menos cuentas. Como te piden que (1, 0, 1, 2) sea solución del sistema, metemos esto en las ecuaciones y resolvemos:

$$\begin{aligned} &2 + 0 + 1 + 0 = 3 \\ &1 - 0 + 3 - 2 = 2 \\ &2\,a + 0 + 7 - 4 = 7 \\ &1 + 0 - a + 2 = b \end{aligned}$$

De la tercera ecuación obtenemos a: $2\,a = 7 - 7 + 4 \Rightarrow a = 2$. Metiendo este valor en la cuarta ecuación, obtenemos b:

$$1 - 2 + 2 = b \qquad \Rightarrow \qquad b = 1$$

Y para estos valores de a y b, nos piden que resolvamos el sistema, así que al igual que antes, vamos a triangular...

$$\left(\begin{array}{cccc|c} 2 & 2 & 1 & 0 & 3 \\ 1 & -1 & 3 & -1 & 2 \\ 4 & 0 & 7 & -2 & 7 \\ 1 & 3 & -2 & 1 & 1 \end{array}\right) \Rightarrow \left(\begin{array}{cccc|c} 2 & 2 & 1 & 0 & 3 \\ 0 & 4 & -1 & 1 & -1 \\ 0 & 4 & -5 & 2 & -1 \\ 0 & -4 & 5 & -2 & 1 \end{array}\right)$$

La fila 4 es múltiplo de la fila 3, entonces, ni vale la pena seguir con esa fila.

Me alcanza con hacer una operación más y chau.

$$\left(\begin{array}{cccc|c} 2 & 2 & 1 & 0 & 3 \\ 0 & 4 & -1 & 1 & -1 \\ 0 & 0 & 4 & -1 & 0 \\ 0 & 0 & 0 & 0 & 0 \end{array}\right)$$

Me quedará un parámetro libre únicamente. Elijo que sea x_3. Entonces:

$$x_4 = 4x_3$$

$$x_2 = \frac{1}{4}(-1 + x_3 - x_4) = \frac{1}{4}(-1 + x_3 - 4x_3) = -\frac{1}{4} - \frac{3}{4}x_3$$

Y por último,

$$x_1 = \frac{1}{2}(3 - 2x_2 - x_3) = \frac{1}{2}\left[3 - 2\left(-\frac{1}{4} - \frac{3}{4}x_3\right) - x_3\right] = \frac{7}{4} + \frac{1}{4}x_3$$

<u>Conclusión:</u> El conjunto de soluciones del sistema, para a = 2 y b = 1 puede escribirse como:

$$S = \left(\frac{7}{4} + \frac{1}{4}x_3, -\frac{1}{4} - \frac{3}{4}x_3, x_3, 4x_3\right) = \left(\frac{7}{4}, -\frac{1}{4}, 0, 0\right) + \left(\frac{1}{4}, -\frac{3}{4}, 1, 4\right)x_3$$

FIN MATRICES Y SISTEMAS DE ECUACIONES

DETERMINANTES

INTRODUCCION

En este capítulo definiremos el determinante de una matriz n x n. Esto se puede hacer de muchas formas. La definición que daremos nos permite obtener un procedimiento relativamente fácil para el cálculo de determinantes, parte de la teoría de determinantes envuelve procesos engorrosos y difíciles que no serán expuestos. Así que asumiremos sin prueba aquellos resultados que caen dentro de esta categoría. El determinante es una función que le asigna a una matriz de orden n, un único número real llamado el determinante de la matriz.

DEFINICIONES Y DEMAS YERBAS:

Primero lo primero: **SOLO ES POSIBLE PENSAR EN CALCULAR UN DETERMINANTE SI LA MATRIZ ES CUADRADA, SI NO, NO.**
Entonces, a partir de esto comencemos...

Dada una matriz cuadrada cualquiera A, el DETERMINANTE es una operación que se realiza sobre matrices cuadradas cuyo resultado es un número real. Para entender su definición consideremos previamente algunos conceptos.

PERMUTACIÓN DE UN CONJUNTO DE N DATOS

Consideremos un ejemplo concreto. Sean 3 números cualesquiera, {1, 2, 3}, se entiende por permutación de esos 3 números a las distintas formas que tenemos de ordenar ese conjunto. De esta forma podemos decir que este conjunto tiene las siguientes permutaciones:

{1,2,3}, {1,3,2},{2,3,1}, {2,1,3}, {3,1,2}, {3,2,1}

Es decir un total de 6 permutaciones, número que coincide con 3 ! (Tres factorial). En general si tenemos un total de n-elementos y deseamos obtener todas las permutaciones que podemos obtener al ordenar esos n-elementos, podremos conseguir un total de n ! permutaciones.

TRASPOSICIÓN DE UNA PERMUTACIÓN

Una trasposición de una permutación es el cambio de orden entre dos elementos de una permutación, así por ejemplo si pasamos de la permutación { 1, 3, 2 } a la permutación { 1, 2, 3 } hemos realizado una trasposición pues hemos intercambiado los lugares del 2 y 3.

En este terreno suele resultar conveniente obtener el número de trasposiciones necesarios para reordenar una permutación cualquiera y transformarla en la permutación inicial { 1, 2,...., n }. Veamos esto con un ejemplo.
Las siguientes permutaciones requieren los siguientes cambios:

{3, 2, 1} -> {1, 2, 3}	1 sola trasposición
{2, 3, 1} -> {1, 3, 2}	2 trasposiciones: cambio 1 por 2 -> {1, 2, 3} y el 2 por el 3.

A partir de estos conceptos, podemos llegar a la definición de determinante. Fijate:

DEFINICIÓN DETERMINANTE DE UNA MATRIZ CUADRADA

Sea A una matriz cuadrada de orden n, se define el determinante de A y se suele denotar por |A| o bien det(A) a la suma de los n ! productos (con el signo que corresponde al número de permutaciones) formados por n-factores que se obtienen al multiplicar n-elementos de la matriz de tal forma que cada producto contenga un solo elemento de cada fila y columna de A. En forma analítica:

$$|A| = \det(A) = \sum_{k=1}^{n!} (-1)^{s_k} a_{1j_1} a_{2j_2} a_{3j_3} \ldots a_{nj_n}$$

dónde:

- $(j_1, j_2, \ldots, j_n)$ es una de las n ! permutaciones del conjunto { 1,2,...., n }.
- s_k es el número de trasposiciones requeridos para reordenar la permutación $\{j_1, j_2, \ldots, j_n\}$ en el orden de {1, 2,..., n}.

De este modo, si **s_k es un número par, $(-1)^{sk}$ es igual a 1** y decimos que la permutación es **PAR**, mientras que si **s_k es un número impar, $(-1)^{sk}$ es igual a -1**, y decimos que la permutación es **IMPAR**.
Ahora vamos a ver un par de ejemplillios para que todo te quede más claro, porque con el choclo de acá arriba todo parece más complicado de lo que realmente es.

Veamos cómo se calcula el determinante de una matriz de 2 x 2:
Sea A la matriz tal que:

$$A = \begin{pmatrix} 3 & -2 \\ 8 & 1 \end{pmatrix}$$

Todas las posibles permutaciones de {1, 2} son:

{1, 2} que es permutación par, signo + y {2, 1} que es permutación impar, signo -

Entonces, el determinante de A es:

$$|A| = \det(A) = (-1)^2 a_{11} a_{22} + (-1)^1 a_{12} a_{21} = 3 * 1 + (-1) * (-2) * 8 = 19$$

Dónde el primer producto corresponde a la permutación par con 0 trasposiciones: {1, 2} -> {2, 1}, mientras que el segundo producto corresponde a la permutación impar: {1, 2} -> {2, 1}

Veamos cómo se calcula el determinante de una matriz de 3 x 3:
Sea A la matriz tal que:

$$A = \begin{pmatrix} 1 & -3 & 1 \\ 0 & 5 & 2 \\ -6 & 1 & 1 \end{pmatrix}$$

Las permutaciones posibles en este caso son 3! = 3 x 2 x 1 = 6, y son las siguientes:

{1, 2, 3} -> permutación par -> signo +
{1, 3, 2} -> permutación impar -> signo -
{2, 1, 3} -> permutación impar -> signo -
{2, 3, 1} -> permutación impar -> signo -
{3, 1, 2} -> permutación impar -> signo -
{3, 2, 1} -> permutación par -> signo +

Entonces el determinante de A es:

$$|A| = \det(A) = +a_{11}a_{22}a_{33} - a_{11}a_{23}a_{32} - a_{12}a_{21}a_{33} - a_{12}a_{23}a_{31} - a_{13}a_{21}a_{32} + a_{13}a_{22}a_{31}$$

Y reemplazando por los valores de los coeficientes, tenemos:

$$|A| = 1 * 5 * 1 - 1 * 2 * 1 - (-3) * 0 * 1 - (-3) * 2 * (-6) - 1 * 0 * 1 + 1 * 5 * (-6)$$

$$= 5 - 2 + 0 - 36 + 0 - 30 = -63$$

Y mirá esto: cada uno de los productos involucrados en el cálculo de det(A) se llaman **productos elementales**. **Llamamos producto elemental al producto de n elementos de la matriz en cuestión, sin que dos de ellos, cualesquiera sean, provengan de una misma fila ni de una misma columna.** Comprobalo así te convencés.

ALGUNAS PROPIEDADES DE LOS DETERMINANTES (Ver)

1- Si todos los elementos de una línea (fila o columna) de una matriz cuadrada se descomponen en dos sumandos, entonces su determinante es igual a la suma de dos determinantes que tienen en esa línea los primeros y segundos sumandos, respectivamente, y en las demás los mismos elementos que el determinante inicial.

$$\det(L1 + L'1, L2, L3...) = \det(L1, L2, L3...) + \det(L'1, L2, L3...)$$

2- Si se multiplican todos los elementos de una línea de una matriz cuadrada por un número, el determinante queda multiplicado por dicho número.

$$\det(k \cdot L1, L2, L3...) = k \det(L1, L2, L3...)$$

Asimismo, si se multiplican a todos los elementos de A por un número, el determinante es:

$$\det(kA) = k^n \times \det(A)$$

3- Si A y B son dos matrices cuadradas del mismo orden, entonces se verifica:

$$\det(A \cdot B) = \det(A) \times \det(B)$$

4- Si permutamos dos líneas paralelas de una matriz cuadrada, su determinante cambia de signo con respecto al inicial:

$$\det(L1, L2, L3...) = -\det(L2, L1, L3...)$$

5- Si una matriz cuadrada tiene una línea con todos los elementos nulos, su determinante vale cero.

$$\det(0, L2, L3...) = 0$$

6- Si una matriz cuadrada tiene dos líneas paralelas iguales, su determinante vale cero.

$$\det(L1, L1, L3...) = 0$$

7- Si dos líneas paralelas de una matriz cuadrada son proporcionales, su determinante se anula.

$$\det(L1, k \cdot L1, L3...) = 0$$

8- Si una fila (columna) de una matriz cuadrada es combinación lineal de algunas de las restantes filas (columnas), su determinante vale cero.

det (L1, L2, a·L1 + b·L2...) = 0

9- Si a una línea de una matriz cuadrada se le suma otra paralela, su determinante no varía.

det (F1 + F2, F2) = det (F1, F2) + det (F2, F2) = det (F1, F2)

10- Si a una línea de una matriz cuadrada se le suma otra paralela multiplicada por un número, su determinante no varía.

det (L1 + k· L2, L2, L3...) = det (L1, L2, L3...) + det (k·L2, L2, L3...) =

det (L1, L2, L3...) + 0

11- Si A es una matriz de n x n, y B es la matriz traspuesta de A, entonces:

det (A) = det (B)

12- Si el determinante de una matriz A es distinto de cero, entonces la matriz es inversible y viceversa.

13- Si A es inversible, y su inversa es B, entonces se cumple que:

$$\det(B) = \frac{1}{\det(A)}$$

DESARROLLO DEL DETERMINANTE POR COFACTORES

Antes de definir el determinante por cofactores de una matriz, tenemos que definir otros conceptos.

Menor de un elemento:

Sea una matriz cuadrada n x n. Llamaremos **menor del elemento a_{ij}** (fila i, columna j) de A, y lo denotaremos **M_{ij}** al determinante de la submatriz resultante de eliminar la fila i y la columna j donde se encuentra el elemento.
Veamos un ejemplo. Sea A la matriz tal que:

$$A = \begin{pmatrix} 2 & -1 \\ 3 & 1 \end{pmatrix}$$

Veamos los menores asociados a cada uno de los elementos de esta matriz:

El menor asociado al elemento $a_{11} = 2$ es $M_{11} = \det(1) = 1$
El menor asociado al elemento $a_{12} = -1$ es $M_{12} = \det(3) = 3$
El menor asociado al elemento $a_{21} = 3$ es $M_{21} = \det(-1) = -1$
El menor asociado al elemento $a_{22} = 1$ es $M_{22} = \det(2) = 2$

Cofactor asociado a un elemento:

El cofactor c_{ij} asociado al elemento a_{ij} de A está dado por.

$$c_{ij} = (-1)^{i+j} M_{ij}$$

Ahora, veamos los cofactores asociados a cada uno de los 4 elementos que vimos hace un ratito.

El cofactor asociado al elemento $a_{11} = 2$ es $c_{11} = (-1)^{1+1} M_{11} = (-1)^2 * 1 = 1$
El cofactor asociado al elemento $a_{12} = -1$ es $c_{12} = (-1)^{1+2} M_{12} = (-1)^3 * 3 = -3$
El cofactor asociado al elemento $a_{21} = 3$ es $c_{21} = (-1)^{2+1} M_{21} = (-1)^3 * (-1) = 1$
El cofactor asociado al elemento $a_{22} = 1$ es $c_{22} = (-1)^{2+2} M_{22} = (-1)^4 * 2 = 2$

Cálculo del determinante de una matriz usando cofactores

Para calcular el determinante mediante cofactores, multiplicamos los elementos de cualquier fila (o columna) por sus cofactores, y sumamos los productos que resulten. O sea, la formulita que tenés que aplicar cada vez que uses este método con una matriz A de i filas y j columnas es:

$$\det(A) = a_{1j}C_{1j} + a_{2j}C_{2j} + \ldots + a_{nj}C_{nj}$$

Esto es el determinante desarrollando cofactores por la j-ésima columna. Desarrollando cofactores por la i-ésima fila, tenés esto:

$$\det(A) = a_{i1}C_{i1} + a_{i2}C_{i2} + \ldots + a_{in}C_{in}$$

NOTA: Fijate que vas a ir usando el método de cofactores hasta que los M_{ij} sean de orden 2 x 2, y recién ahí usás que

$$|A| = \begin{vmatrix} a & b \\ c & d \end{vmatrix} = ad - bc$$

Ahora veamos como se calcula det(A)
Siendo **A** una matriz de 3 x 3 tal que:

$$A = \begin{pmatrix} 1 & 2 & -1 \\ 0 & 3 & 1 \\ 2 & 1 & 4 \end{pmatrix}$$

Antes de largarte a calcular a lo bestia, te conviene mirar fijo la matriz para ver por donde te conviene desarrollar los cofactores:

    * por fila o por columna
y * por cual de las filas o por cual de las columnas

El tema es este: si tenés una fila o una columna con más ceros que otra, te va a convenir desarrollar los cofactores por esa línea, ya que te vas a ahorrar el cálculo de uno o más menores. De hecho, sólo vas a calcular los C_{ij} que correspondan a los a_{ij} no nulos. Cuando la matriz es de orden 2 x 2, está todo bien y ni vale la pena usar cofactores, pero si tenés una matriz de orden 3 x 3 o mayor es un alivio ahorrar cuentas. Ojo, puede haber más de una opción igualmente buena.

Entonces, para la matriz dada acá arriba lo mejor es desarrollar cofactores por la columna 1 o por la fila 2, ya que en el lugar a_{21} tenemos un 0.
Lo vamos a calcular de las dos formas.

<u>1) Desarrollo de cofactores por la columna 1 de la matriz A:</u>
Desarrollando por la columna 1 tenemos:

$$Det(A) = a_{11}c_{11} + a_{21}c_{21} + a_{31}c_{31}$$

La cosa funciona así: Me paro en el elemento a_{11} y elimino la primera fila y la primera columna de A, y calculo el menor asociado, M_{11}

$$M_{11} = \begin{vmatrix} 3 & 1 \\ 1 & 4 \end{vmatrix} = 3*4 - 1*1 = 12 - 1 = 11$$

Como el elemento a_{21} es 0, ni me gasto en calcular el menor M_{21}. Me paro en el elemento a_{31} y elimino la tercera fila y la primera columna de A y calculo el menor asociado, M_{31}

$$M_{31} = \begin{vmatrix} 2 & -1 \\ 3 & 1 \end{vmatrix} = 2*1 - 3*(-1) = 2 + 3 = 5$$

Así que el determinante de A es:

$$Det(A) = 1 * C_{11} + 2 * C_{31} = 1 * (-1)^{1+1} * 11 + 2 * (-1)^{1+3} *5 = 11 + 10 = 21$$

<u>2) Desarrollo de cofactores por la fila 2 de la matriz A:</u>
Desarrollando por la fila 2 tenemos:

$$Det(A) = a_{21}c_{21} + a_{22}c_{22} + a_{23}c_{23}$$

Como $a_{21} = 0$, nos queda:

$$Det(A) = a_{22}c_{22} + a_{23}c_{23}$$

Me paro en el elemento a_{22} y elimino la segunda fila y la segunda columna de A, y calculo el menor M_{22}

$$M_{22} = \begin{vmatrix} 1 & -1 \\ 2 & 4 \end{vmatrix} = 1*4-(-1)*2 = 4+2 = 6$$

Ahora me paro en el elemento a_{31} y elimino la segunda fila y la tercera columna de A, y calculo M_{23}

$$M_{23} = \begin{vmatrix} 1 & 2 \\ 2 & 1 \end{vmatrix} = 1*1-2*2 = 1-4 = -3$$

Entonces, el determinante de A es:

$$Det(A) = 3 * (-1)^{2+2} * M_{22} + 1 * (-1)^{2+3} * M_{23} = 3 * 1 * 6 + 1 * (-1) * (-3) = 21$$

De modo que comprobamos que da lo mismo por dónde desarrolles los cofactores. Lo importante es simplificar al máximo los cálculos.

REGLA DE CRAMER

El método de Gauss que vimos en el capítulo de matrices es sencillo y eficaz para resolver un sistema de ecuaciones lineales. Sin embargo, tiene un inconveniente. Si de un sistema de 300 incógnitas tan sólo nos interesan 7, siguiendo el método de Gauss, habríamos de seguir el proceso de triangulación como si nos interesaran todas ellas.

La regla de Cramer, que ahora veremos, aprovecha con astucia las propiedades de las matrices y sus determinantes para despejar, separadamente, cualquiera de las incógnitas de un sistema de ecuaciones lineales. Entonces, para poder usar la regla de Cramer, pedimos que el sistema sea compatible determinado, o sea, que tenga solución única. Primero veamos un par de conceptos, algunos ya conocidos, pero vistos desde otro ángulo.

1) Matriz de cofactores y matriz adjunta de A:

Habíamos visto que el cofactor del elemento a_{ij} de una matriz A n x n, denotado c_{ij}, está definido como:

$$c_{ij} = (-1)^{i+j} M_{ij}$$

Reemplazando los elementos a_{ij} de una matriz A por sus cofactores, se obtiene la matriz de cofactores de A, denotada por cof(A). De este modo tenemos:

$$cof(A) = \begin{pmatrix} C_{11} & C_{12} & \dots & C_{1n} \\ C_{21} & C_{22} & \dots & C_{2n} \\ \dots & \dots & \dots & \dots \\ C_{n1} & C_{n2} & \dots & C_{nn} \end{pmatrix}$$

Asimismo, la matriz adjunta adj(A) es la traspuesta de la matriz de cofactores:

$$adj(A) = \begin{pmatrix} C_{11} & C_{21} & \dots & C_{n1} \\ C_{12} & C_{22} & \dots & C_{n2} \\ \dots & \dots & \dots & \dots \\ C_{1n} & C_{2n} & \dots & C_{nn} \end{pmatrix}$$

Seguro que ahora no le ves utilidad a esas definiciones, pero vas a ver que estos conceptos serán necesarios a la hora de usar la regla de Cramer.

2) Solución única y determinantes: ¿cómo se relacionan estos conceptos?

Ahora te voy a contar qué tiene que ver el determinante con que un sistema tenga o no solución única.

Cuando vimos matrices, te conté que para que un sistema tenga solución única, tenía que pasar alguna de estas 3 cosas:

- A es inversible
- La solución del sistema Ax = b es única, cualquiera sea b. (O sea que la solución sea única depende sólo de cómo es la matriz A)
- El sistema homogéneo Ax = 0 sólo admite la solución trivial: x = 0

Ahora vamos a introducir una nueva forma de determinar rápidamente si el sistema es compatible determinado o no lo es.

Te voy a hacer una mini demostración, sólo para que te convenzas de lo que te digo, y además, porque de paso vemos un truquito sencillo y bastante piola que te puede servir para resolver algunos ejercicios. Aquí vamos...

Suponete que tenés este sistema:

$$Ax = b$$

Donde:

- **A matriz <u>cuadrada</u>, para poder calcularle el determinante.**
- **x vector de incógnitas que solíamos calcular usando Gauss**
- **b, el vector de términos independientes.**

Para ver si A es inversible sin calcular su inversa la cosa es simple:
Sabemos que vale siempre que A sea cuadrada que:

$$A.\ A^{-1} = A^{-1}.\ A = I$$

También sabemos que det(A.B) = det(A). det(B). Entonces tenemos:

$$\left|A^{-1}A\right| = \left|A^{-1}\right|\left|A\right| = \left|I\right| = 1$$

Si det(A) es distinto de cero, despejemos det(A^{-1}).

$$\left|A^{-1}\right| = \frac{1}{|A|}$$

Como supusimos que det(A) es no nulo, entonces exite el determinante de A^{-1}, y obviamente, si existe el determinante de A^{-1} es porque existe A^{-1}.
O sea, pudimos determinar si la matriz posee inversa sin siquiera calcularla, usando sólo el determinante de A.
Ahora bien, cómo conectamos todo esto con lo primero que te dije, lo de encontrar la solución única sin usar Gauss. De Ax = b, tenemos que, si A es inversible, podemos usar este truco:

$$A^{-1}\,Ax = A^{-1}\,b \qquad \Rightarrow \qquad x = A^{-1}\,b$$

Entonces, no sólo hallamos el valor del vector incógnita x, sino que además comprobamos que este es único, ya que A^{-1} y b también lo son. Aparte, fijate que multipliqué por A^{-1} por izquierda a ambos lados... acordate que la multiplicación de matrices no es conmutativa.

<u>3) Y por fin, la famosa regla de Cramer</u>
Primero voy a enunciar la regla y después te voy a contar bien para qué sirve.

<u>Regla de Cramer:</u> Tenemos A de n x n. Sea Ax = b un sistema de n ecuaciones con n incógnitas tal que det(A) sea distinto de 0, es decir, tal que la solución sea única. Entonces, podemos decir que la solución del sistema es (x_1, x_2, ...,x_n) donde definimos:

$$x_j = \frac{|A_j|}{|A|}$$

Con x_j la componente j-ésima del vector solución, y A_j la matriz que se obtiene al reemplazar la j-ésima columna de A por el vector columna b.
O sea, el valor de la incógnita x_j en un sistema de Cramer es una fracción, cuyo numerador es un determinante que se obtiene al reemplazar la columna j por la columna que forman los términos independientes, y cuyo denominador es det(A).
No voy a hacer la demostración, pero vamos a ver un ejemplo así esto te termina de cerrar. Resolvamos el siguiente sistema Ax = b según Cramer:

$$\begin{pmatrix} 1 & -2 & 1 \\ -1 & 1 & -3 \\ 2 & -1 & 1 \end{pmatrix}\begin{pmatrix} x_1 \\ x_2 \\ x_3 \end{pmatrix} = \begin{pmatrix} 4 \\ 1 \\ 2 \end{pmatrix}$$

Calculemos primero det(A) desarrollando cofactores por la columna 1, dado que lo vamos a necesitar para el cálculo de cada x_j.

$$|A| = \begin{vmatrix} 1 & -2 & 1 \\ -1 & 1 & -3 \\ 2 & -1 & 1 \end{vmatrix}$$

$$|A| = \left[1*(-1)^{1+1}*(1*1-(-1)*(-3))\right] + \left[-1*(-1)^{2+1}*(-2*1-(-1)*1)\right] + \left[2*(-1)^{3+1}*(-2*(-3)-1*1)\right]$$

Y acomodando esto da:

$$\det(A) = -2 - 1 + 10 = 7$$

Ahora sí, calculemos el valor de x_1:

$$x_1 = \frac{|A_1|}{|A|} = \frac{\begin{vmatrix} 4 & -2 & 1 \\ 1 & 1 & -3 \\ 2 & -1 & 1 \end{vmatrix}}{7} = \frac{4*(1-3) - 1*(-2+1) + 2*(6-1)}{7} = \frac{3}{7}$$

Donde desarrollé $|A_1|$ por cofactores por la primera columna de A_1.

Del mismo modo, calculamos el valor de x_2:

$$x_2 = \frac{|A_2|}{|A|} = \frac{\begin{vmatrix} 1 & 4 & 1 \\ -1 & 1 & -3 \\ 2 & 2 & 1 \end{vmatrix}}{7} = \frac{1*(1+6) - 4*(-1+6) + 1*(-2-2)}{7} = \frac{-17}{7}$$

Donde desarrollé $|A_2|$ por cofactores por la primera fila de A_2.

Finalmente, calculemos x_3

$$x_3 = \frac{|A_3|}{|A|} = \frac{\begin{vmatrix} 1 & -2 & 4 \\ -1 & 1 & 1 \\ 2 & -1 & 2 \end{vmatrix}}{7} = \frac{1*(-4+4) + 1*(2-8) - 1*(-1+4)}{7} = \frac{-9}{7}$$

Donde calculé por cofactores en la segunda fila de A_3... atención con los signos eh !!! Te recomiendo que pruebes seguir las cuentas

Entonces, finalmente resolvimos el problema Ax = b, y podemos decir que el vector solución es: $\left(\frac{3}{7}, \frac{-17}{7}, \frac{-9}{7}\right)$.

<u>Entonces, recapitulando</u>: Cramer es super práctico cuando sólo necesitás calcular alguna incógnita, porque no tenés que triangular todo el sistema para por fin llegar a la variable deseada. El tema es que te obliga a calcular dos determinantes: el de A y el de A_j para la j-ésima componente.

<u>AHORA... UN EJERCICIO DE PARCIAL</u>

Hallar todos los valores de $k \in \mathbb{R}$ tales que $(0,1,k,-1)$ es una de las infinitas soluciones

del sistema $\begin{cases} x_1 + 6x_2 - x_4 = 7 \\ 3x_1 - kx_3 - x_4 = -3 \\ kx_1 + 4x_2 + x_4 = 3 \\ -8x_2 + 3x_4 = -11 \end{cases}$

Para alguno de los valores de k hallados, resolver el sistema.

Este problema ya lo resolvimos en el capítulo de "Sistemas Lineales y Matrices".

Ahora vamos a resolverlo desde otro punto de vista, usando una nueva herramienta: el DETERMINANTE.
La primera parte del ejercicio se resuelve igual que en el capítulo anterior, así que no lo voy a hacer ahora. Sólo te pongo el resultado al que llegamos: Los valores de k tales que (0, 1, k, -1) sea una solución del sistema son:

$$k = -2 \qquad \text{o} \qquad k = 2$$

Acordate que para ver esto, agarrábamos y reemplazábamos (0, 1, k, -1) en las ecuaciones, y resolvíamos la ecuación que nos quedaba para k (quedaba una cuadrática de la forma (a + b) (a - b) = 0). Ahora, en lugar de triangular el sistema para cada valor de k y ver si queda l. i. o l. d., vamos a calcular el determinante y ver si se anula o no. La matriz asociada al sistema queda así:

$$A = \begin{pmatrix} 1 & 6 & 0 & -1 \\ 3 & 0 & -k & -1 \\ k & 4 & 0 & 1 \\ 0 & -8 & 0 & 3 \end{pmatrix}$$

Yo creo que lo más práctico es calcular det(A) en función de k y reemplazar al final, porque de este modo, calculamos el determinante una sóla vez... acordate que ahorrar en cuentas es ahorrar en tiempo durante un examen !

$$|A| = \begin{vmatrix} 1 & 6 & 0 & -1 \\ 3 & 0 & -k & -1 \\ k & 4 & 0 & 1 \\ 0 & -8 & 0 & 3 \end{vmatrix} = -k * (-1)^{2+5} \begin{vmatrix} 1 & 6 & -1 \\ k & 4 & 1 \\ 0 & -8 & 3 \end{vmatrix} = k \times \begin{vmatrix} 1 & 6 & -1 \\ k & 4 & 1 \\ 0 & -8 & 3 \end{vmatrix}$$

Donde hice un desarrollo por cofactores por la tercera columna (porque tiene más ceros y hago menos cuentas). Ahora desarrollo por cofactores por la primera columna de la matriz de 3 x 3:

$$|A| = k[1(12 - (-8)) - k(18 - 8)] = k(20 - 10k)$$

Ahora, reemplazamos por los valores de k y vemos qué da para cada uno.
Si k = -2, queda:

$$\text{Det}(A) = -2\ (20 - 10 * (-2)) = -2 * 40 = -80 \neq 0$$

Entonces, si k = - 2, det(A) es distinto de cero, el sistema tiene solución única (que claramente es la que da el enunciado: (0, 1, k, -1)). Si k = 2, queda:

$$Det(A) = 2\ (20 - 10 * 2) = 2 * 0 = 0$$

De modo que el único valor de k tal que el sistema tenga infinitas soluciones es k = 2

Ahora te piden que resuelvas el sistema para alguno de los k hallados tal que haya infinitas soluciones. Como esto ya lo hicimos en el capítulo anterior, sólo te escribo los resultados la solución. Sale triangulando A...

$$S = \left(-\frac{5}{4} - \frac{5}{4}x_4, \frac{11}{8} + \frac{3}{8}x_4, -\frac{3}{8} - \frac{19}{8}x_4, x_4\right) = \left(-\frac{5}{4}, \frac{11}{8}, -\frac{3}{8}, 0\right) + \left(-\frac{5}{4}, \frac{3}{8}, -\frac{19}{8}, 1\right)x_4$$

<u>Observación</u>:

Fijate que de todos modos, como te piden que resuelvas y halles la solución, vas a tener que triangular, así que, a mi modo de ver te conviene ver qué pasa para cada valor de k usando Gauss directamente y no el cálculo del determinante. Claro, vos me vas a decir seguro; "En vez de usar Gauss, puedo usar la regla de Cramer" para calcular (x_1, x_2, x_3, x_4).

Rta:No!!! Acordate de que Cramer sólo vale para matrices cuadradas, y a vos TE ESTÁN PIDIENDO QUE DES LA SOLUCIÓN PARA EL VALOR DE k TAL QUE EL SISTEMA TENGA INFINITAS SOLUCIONES. Ojo con esto!!!!

FIN DETERMINANTES

ESPACIOS VECTORIALES

- Hola !
Primero, antes de meternos con ochocientos mil teoremas y cuentas y fórmulas y vectores quiero hacer una pregunta: ¿ Por qué estudiar álgebra lineal ?
-¿Qué tul? ¿Respuestas? ¿Nada? ¿Ni la menor idea?
Claro que si sos estudiante de Matemática la respuesta es simplemente porque en el álgebra lineal hay una gran belleza. Es como una torre altísima construida con cimientos que definiciones, con ladrillos que son teoremas y lemas y corolarios que son un revoque finísimo. A diferencia del Cálculo, en el Álgebra todo es limpito, claro y reluciente.
Ahora, si no sos matemático probablemente esta respuesta te parezca más bien un delirio... Entonces te puedo dar otra.
El pensar en rectas y planos y puntos es una cosa más o menos abstracta.
El pensar en espacios generales de cualquier número de dimensiones, y en objetos que viven ahí y en sus propiedades e interrelación, es TOTALMENTE ABSTRACTO. Y aprender a pensar en eso sirve y mucho.
- ¿ Para qué ? Para TODO!!
¿Por qué ?, por que todo el tiempo, en cualquier actividad se nos plantean situaciones, " problemas " a resolver (desde hacerte un sánguche hasta resolver un examen de la facultad; desde planear la construcción de un edificio hasta pilotear una cena con una suegra insoportable). La resolucion de cualquier tipo de situación requiere de la abstracción. Así funciona el cerebro y cuanto más "abierta" tengas la cabeza, más capacidad de resolución.
El álgebra lineal te abre la cabeza y mucho. Y eso, al menos para mi ya es suficiente motivo para ponerle ganas al estudio de estas cosas que para algunos pueden resultar tediosas sólo por ser abstractas.

Ah... y otro detallecito... el único truco acá es hacer miles de millones de problemas!!!!.

Así que.... Manos a las cuentas !!

ESPACIOS VECTORIALES

Para poder arrancar te digo cómo vamos a atacar esta materia tan "matemática". En álgebra lineal todo SE CONSTRUYE, todo se basa en algunas DEFINICIONES formales y PROPIEDADES, que dan lugar a LEMAS, TEOREMAS y COROLARIOS. Todo cierra muy bien. Nada queda "colgado". Pero para que cierre, las definiciones a veces tienen que ser muy formales. Esto hace que a veces no se entiendan. Las lees y no te dicen nada !!. Entonces, como la idea de este libro es APRENDER y ENTENDER, nuestro modus operandi en este capítulo será primero explicarte qué es la cosa, y ahí, ya con la idea de qué es lo que estamos estudiando, tratar de llevarlo a un plano más formal, más sintético y conciso y firme, para convertirlo en ladrillito y utilizarlo para seguir construyendo nuestro edificio/torre matemática.
Guarda que ahí vá !!!!

¿Qué es un espacio vectorial?

Cuando yo escucho espacio vectorial (EV), lo primero en lo que pienso es en vectores. Los vectores los vimos cuando vimos rectas y planos: son como flechas que tienen una dirección, un sentido y un módulo. Son muy importantes, porque hay muchísimas cosas (problemas matemáticos) que pueden describirse por medio de vectores; para darles una representación geométrica (o sea con rectas, planos y cosas por el estilo).

Ese es el caso más simple, porque tiene una interpretación geométrica. Pero un **EV** es un bicho complejo. Con un montón de estructura. Son conjuntos de objetos, con ciertas propiedades que iremos viendo, claro, que se llaman vectores. Se llaman así porque tienen las mismas propiedades (no desesperes, ahora vemos cuáles son) que los que vimos antes como "flechas"; pero un vector en realidad puede ser cualquier cosa. Las más comunes son:

- **n-uplas**: así se llaman los paquetitos de n componentes. Por ejemplo: (0,1) es una 2-upla; y (8,2,5,2,7,4) es una 6-upla. Antes vimos que las n-uplas de dos o de tres componentes, las podemos pensar como "flechas" en R^2 o en R^3. Esos son más fáciles porque te los podés imaginar y hacer un dibujito. Bueno, y las de un solo componente son los números comunes. Pero las n-uplas pueden tener cualquier número de componentes (n).

Ya sé qué estás pensando: las de 2 y 3 componentes sirven para algo, pero ¿y el resto?. Claro, parece que no sirven para nada porque hasta ahora no las usamos nunca, pero en realidad sí. Son una forma de dar mucha información junta.

Por ejemplo, si te pregunto cuántas horas de clase tenés cada día de la semana, vos me podés responder (4,4,0,3,3,0,0), y yo entiendo 4 horas los lunes, 4 los martes, ninguna los miércoles, 3 los jueves, 3 los viernes y ninguna el fin de semana. Entonces, en lenguaje matemático solamente hace falta una 7-upla para decir algo que en lenguaje normal lleva un renglón y medio. Este es un vector de R^7.

- **Matrices**: son como las n-uplas pero más complicadas. También forman un EV, así que tienen las mismas propiedades que los vectores.

- **Funciones**: bueno esto ya es muy abstracto. Pero por más complicado que parezca, también son vectores. Esto es bastante abstracto pero es muy importante. Las funciones (quizás ya lo viste en otra materia como análisis) son operaciones que relacionan dos conjuntos de números: agarran valores de uno, y tiran resultados en el otro. Por ejemplo, la función y = 2.x, agarra valores de x (por ejemplo x = 1, x = 3), y me da un resultado y (y = 2 , y = 6). Esta es bastante sencillita, pero hay funciones tan complicadas como se te ocurra; por ejemplo $y = x^3 + 4$; y = 3.x.sen(2x) ; y = 1/x

Está bien, parecen mucho más complicadas, pero la idea es siempre la misma. Las funciones agarran valores de x, hacen la cuenta que dice ahí, y me da un resultado y. Muchas veces, en vez de escribir y = 2x se pone f(x) = 2x. Eso es nada más para darle nombre: a esa función la llamamos f(x). Bueno, si ya quedó claro qué es una función, ahora vamos un paso más allá.

Imaginate un conjunto tal que sus elementos son funciones. Por ejemplo, el conjunto $A = \{f(x) = x^2; g(x) = 3-x\}$. O sea, los elementos del conjunto A son las funciones f(x) y g(x). Ahora imaginate un conjunto con más elementos: un conjunto con todas las funciones que existen. Pará pará, eso son muchas funciones. Sí son infinitas; pero bueno, tratá de imaginártelo. La idea es que ese conjunto es un EV; y las funciones se portan igual que vectores.

- OK, los EV son conjuntos de vectores, pero eso es muy amplio, qué más me podés decir sobre estos espacios?
- Bueno para que un conjunto sea un EV tiene que contar con dos tipos de operaciones: una adición, entre sus elementos (los vectores), y un producto, entre vectores y escalares. (Acordate que los escalares son números, que pueden ser reales, complejos, etc.). Entonces ya tenemos: 1 conjunto de vectores, 1 conjunto de escalares y dos operaciones.
- Y esto es un espacio vectorial ?

- Casi.
- Casi ?
- Sí, casi. Porque para que todo esto sea un **EV**, estas operaciones de adición entre vectores y producto por escalares tienen que satisfacer una serie de propiedades que te voy a dar en la definición formal.

Bueh, pero entonces está claro no?

Un <u>espacio vectorial</u> es un conjunto de vectores que pueden "sumarse" entre sí y pueden "multiplicarse" por escalares (pertenecientes a un conjunto de escalares llamado cuerpo), y estas dos operaciones cumplen ciertas propiedades.

Ya tenés idea de lo que es un espacio vectorial. Ahora más formalmente:

<u>Espacio Vectorial. Definición formal</u>

Según los libros, un "espacio vectorial V sobre un cuerpo F" es un objeto compuesto que consta de

1. Un conjunto V de objetos llamados vectores. Acordate que los vectores pueden ser cualquier cosa, así se llama a los objetos de V.

2. Un cuerpo F de escalares, o sea números, que pueden ser reales o complejos, pero eso lo dejamos para después.

3. Una operación llamada "adición" que, dados dos vectores α y β de V, asocia un elemento $\alpha + \beta$ en V. La adición es:

(a) cerrada (Toma dos elementos de V y su suma también está en V)
(b) tiene elemento neutro (único): $\alpha + 0 = 0 + \alpha = \alpha$
(c) asociativa : $\alpha + (\beta + \gamma) = (\alpha + \beta) + \gamma$
(d) conmutativa : $\alpha + \beta = \beta + \alpha$
(e) elemento opuesto (único): $\alpha + (-\alpha) = 0$

4. Una operación llamada "multiplicación por escalar" que, dado cualquier vector α en V y cualquier escalar k en F, asocia un vector $k . \alpha$ en V, llamado producto de k y α. Esta operación satisface ciertas propiedades:

(a) es cerrada (Toma un elemento de V y devuelve otro también en V)
(b) tiene elemento neutro (único): $1. \alpha = \alpha.1 = \alpha$
(c) asociatividad: $(k_1 . k_2).\alpha = k_1 (k_2.\alpha)$
(d) distributividad: $k.(\alpha + \beta) = k.\alpha + k.\beta$
(e) $(k_1 + k_2).\alpha = k_1.\alpha + k_2.\alpha$

Leíste la definición ? Esta definición, que parece muy formal y muy fea, es muy importante. Para ver si algo es un EV, tengo que fijarme si cumple con todas las propiedades esas. Leela de nuevo, y seguimos.
Ahora... ¿Notas algo raro en las propiedades ?

Yo la primera vez que las vi dije: y ?!? claro que la adición y el producto son distributivo y asociativo y que el 0 y el 1 son neutros para estas operaciones... Eso lo sé desde la primaria !

Peeeero... yo pensaba en términos de números. Claro, con los números funciona porque el conjunto de los números reales tiene estructura de EV sobre el cuerpo de números reales (o sea, sobre sí mismo).

Bueno, acá hay que empezar a abrir la cabeza. Alfa y beta no son números. Son bichos mucho más generales, cualquier tipo de vectores, o sea cualquier cosa que cumpla con todas esas propiedades.
Por lo tanto, los simbolitos + y . no significan necesariamente lo mismo que la adición un multiplicación usuales entre números.

Por ejemplo, si los elementos del conjunto V, o sea, los vectores, son n-uplas, la adición y el producto por escalares usuales se definen como:

$$\alpha + \beta = (\alpha_1, \alpha_2, \dots, \alpha_n) + (\beta_1, \beta_2, \dots, \beta_n) = (\alpha_1 + \beta_1, \alpha_2 + \beta_2, \dots, \alpha_n + \beta_n)$$

y

$$k.\alpha = k.(\alpha_1, \alpha_2, \dots, \alpha_n) = (k.\alpha_1, k.\alpha_2, \dots, k.\alpha_n)$$

Esos son la suma y el producto más comunes, los que se usan casi siempre. Pero también puede haber otros. Por ejemplo, en R^2, o sea, con vectores de la forma (α_1,α_2) podemos usar

la suma $\alpha + \beta = (\alpha_1,\alpha_2) + (\beta_1,\beta_2) = (\alpha_1 + \beta_1 - 1 \,;\, \alpha_2 + \beta_2 - 1)$

y el producto $k \,.\, \alpha = k \,.\, (\alpha_1,\alpha_2) = (k \,.\, \alpha_1 - k + 1 \;;\; k \,.\, \alpha_2 - k + 1)$

Ya sé, esta suma y este producto son medio raros, pero si te fijás bien, cumplen con todas las propiedades que dijimos antes; así que R^2 con estas operaciones raras es un espacio vectorial. Este tipo de cosas son muy raras, no aparecen casi nunca, pero es bueno saber que existen.

¿ Qué aprendimos ? Que para decir de qué EV estamos hablando, no alcanza con decir R^2 o R^3, también tenemos que decir como son la suma y el producto.

No todos los espacios vectoriales son grandes y tienen muchos elementos. Por ejemplo, si los elementos del espacio vectorial se resumen a dos números, V = { 0, 1 }, tenemos un espacio vectorial definiendo las operaciones según:

$$0 + 0 = 0 \qquad 0 + 1 = 1 \quad ; \quad 1 + 0 = 1 \quad ; \quad 1 + 1 = 0$$

y

$$0.0 = 0 \quad ; \quad 0.1 = 0 \quad ; \quad 1.0 = 0 \quad ; \quad 1.1 = 1$$

Todas estas operaciones cumplen las propiedades de la definición[1].

- Seguro ? Mirá que acá pasa algo rarísimo como que sumo 1 más 1 y me da cero!! Eso no es precisamente una suma usual...
- Te digo que sí. Fijate, de la definición nomás ya tenemos que tanto la suma como la multiplicación son operaciones asociativas y además cerradas ya que el resultado siempre cae en V. También tienen al 0 como elemento neutro para la suma y el 1 para la multiplicación, ya que no cambian el valor del elemento al cual se suma o multiplica, ya sea el 0 ó el 1 ..

Claro que este es un ejemplo bastante particular, un conjunto con solamente 2 elementos al que se le puede dar la estructura de espacio vectorial!! [2]

Pero lo que quiero mostrarte es precisamente eso. A partir de ahora, + y . ya no son los simbolitos inocentes que conocemos desde la primaria. Ahora pueden ser cosas muy raras. Son operaciones abstractas entre bichos abstractos.

A ver, que quede claro una cosa: cuando digo abstracto no me refiero a ninguna cuestión esotérica, sino a algo que en principio no representa una cosa tangible. Si pienso en la suma de aritmética, y digo 2 + 2 puede ser la abstracción de llevarme de la ferretería 2 tornillos con sus tuercas, dos tornillos más dos tuercas. Ahora, si hablo de la suma de dos funciones continuas, o de matrices, o de ceros y unos como en el ejemplo de arriba, no estoy hablando de la suma como una acumulación de objetos sino como algo más abstracto estamos?.

---

1 Ojo!, acá el cero y el uno, además de ser los "vectores" o elementos del conjunto V, también la juegan de escalares (elementos del cuerpo F = { 0, 1 }) y por eso la multiplicación por escalares es, simplemente, multiplicar a los vectores 0 ó 1 por los escalares 0 ó 1.

2 En realidad el conjunto {0,1} es un Cuerpo, que es un objeto que tiene todas las propiedades de un EV y algunas más, por lo que tiene más estructura que un EV.

Ya vimos un par de ejemplos de espacios raros que son EV. Ahora te voy a mostrar uno que no es EV. Por ejemplo, tomemos vectores de R^2, o sea 2-uplas, pero en vez de usar la suma y el producto comunes usamos

la suma $\alpha + \beta = (\alpha_1 , \alpha_2) + (\beta_1 , \beta_2) = (\alpha_1 + 2\ \beta_1 ; \alpha_2 + 2\ \beta_2)$

y el producto común $k . (\alpha_1 , \alpha_2) = (k . \alpha_1 , k . \alpha_2)$

Para ser un EV, tiene que cumplir con todas las propiedades de la definición. Si no cumple con una (cualquiera) ya está, no es un EV. La más fácil de ver es que la suma no es conmutativa. ¿ Cómo ? Muy fácil, te lo muestro con un ejemplo:

$$(1,1) + (2,3) = (1 + 2.2 , 1 + 2.3) = (5 , 7)$$
$$(2,3) + (1,1) = (2 + 2.1 , 3 + 2.1) = (4, 5)$$

Como no da lo mismo, la suma no es conmutativa, y no es un EV.

- Cómo? R^2 no es un espacio vectorial?. Si siempre hablamos de "vectores en R^2"
- Claro, pero acordate que un EV no está formado solamente por los elementos que llamamos "vectores". También es una parte importante la suma y el producto que usamos. Entonces, R^2 es un EV con la suma y el producto usuales (y también con el otro ejemplo que vimos y muchos más); pero no lo es con esta suma y este producto que definimos recién.

<u>Combinación lineal</u> (Atento)

Definición muuuy fácil, pero MUY importante porque se usa para definir los conceptos de dependencia o independencia lineal, generadores, bases y dimensión de los espacios vectoriales. Así que hoy mismo te la aprendés ¿Estamos? Je!. Para decirlo en pocas palabras es simplemente la suma de vectores multiplicados cada uno por un "coeficiente" escalar. Fijate:

Se dice que un vector β de un espacio vectorial V es combinación lineal de los vectores $\alpha_1, \alpha_2, ... , \alpha_n$) si existen escalares $k_1, k_2, ..., k_n$ que verifiquen la igualdad

$$\beta = k_1 . \alpha_1 + k_2 . \alpha_2 + ... + k_n . \alpha_n$$

Eso es todo, no tiene mucho secreto. Para dejarlo bien en claro, te muestro un par de ejemplos medio pavos:

* El vector (2 , 3) es combinación lineal de los (2 , 1) y (1 , 1), porque

$$(2\ ,\ 3) = -1\ .\ (2\ ,\ 1) + 4\ .\ (1\ ,\ 1)$$

* La matriz $\begin{pmatrix} 4 & -2 \\ 1 & 5 \end{pmatrix}$ es CL de $\begin{pmatrix} 1 & 0 \\ 0 & 0 \end{pmatrix}$; $\begin{pmatrix} 0 & 1 \\ 0 & 0 \end{pmatrix}$; $\begin{pmatrix} 0 & 0 \\ 0 & 1 \end{pmatrix}$ y $\begin{pmatrix} 0 & 0 \\ 0 & 1 \end{pmatrix}$ porque

$$\begin{pmatrix} 4 & -2 \\ 1 & 5 \end{pmatrix} = 4\ .\begin{pmatrix} 1 & 0 \\ 0 & 0 \end{pmatrix} - 2\ .\begin{pmatrix} 0 & 1 \\ 0 & 0 \end{pmatrix} + 1\ .\begin{pmatrix} 0 & 0 \\ 0 & 1 \end{pmatrix} + 5\ .\begin{pmatrix} 0 & 0 \\ 0 & 1 \end{pmatrix}$$

No es muy complicado, no? Claro, así parece fácil, porque te estoy mostrando cuales son los coeficientes, entonces vos decís "Ah, sí, mirá, es una CL". Eso es demasiado cómodo. ¿ Qué pasa si te doy un vector y te pregunto si es CL de otros dos ? Veamos con algunos ejemplos:

- El vector (1 , 2, 3), ¿ es CL de (-1 , 4 , 2) y (0 , 0 , 1) ?

Hay una sola forma de resolver esto. La definición nos dice que es CL si podemos encontrar dos coeficientes k_1 y k_2 que cumplan:

$$(1\ ,\ 2,\ 3) = k_1\ .\ (-1\ ,\ 4,\ 2) + k_2\ .\ (0\ ,\ 0,\ 1)$$

Pará un segundo, acá nos salteamos una parte muy importante. Nadie nos dijo en qué EV estamos, así que no sabemos como sumar vectores ni como multiplicarlos por un escalar. Bueno, cuando no nos dicen nada, las operaciones son las usuales. Entonces nos queda algo así:

$$(1\ ,\ 2,\ 3) = (-k_1\ ,\ 4k_1\ ,\ 2k_1 + k_2)$$

Acordate que para que dos vectores sean iguales todas las componentes tienen que ser iguales. Así que en realidad tenemos tres ecuaciones:

$$1 = -\ k_1 \ \Rightarrow\ k_1 = -\ 1$$

$$2 = 4\ k_1 \ \Rightarrow k_1 = \tfrac{1}{2}$$

$$3 = 2\ k_1 + k_2$$

Para que se cumpla la primera igualdad, k_1 tiene que tener un valor, y para que se cumpla la segunda, otro. O sea, no se pueden cumplir las dos al mismo tiempo, y no hay forma de escribir (1,2,3) como CL de los otros dos vectores.

- Ahora uno más fácil: ¿ (5,3) es CL de (1,0) y (0,1) ?

Hacemos lo mismo que en el caso anterior: buscamos dos coeficientes k_1 y k_2

para que se cumpla:

$$(5, 3) = k_1 . (1 , 0) + k_2 . (0, 1) \Rightarrow (5,3) = (k_1 , k_2)$$

Como todas las componentes tienen que ser iguales, $k_1 = 5$ y $k_2 = 3$. Entonces sí, como encontramos los coeficientes, es una CL.

- ¿ (5,10) es CL de (1,2) y de (2,4) ?

Ya sabés que hacer, hay que plantear la igualdad

$$(5 , 10) = k_1 . (1 , 2) + k_2 . (2 , 4) \Rightarrow (5 , 10) = (k_1 + 2k_2 , 2k_1 + 4k_2)$$

Igual que en los otros casos, tenemos dos igualdades:

$$5 = k_1 + 2 k_2$$

$$10 = 2 k_1 + 4 k_2$$

Fijate que estas dos ecuaciones son básicamente la misma: la segunda es igual a la primera, pero toda multiplicada por 2. Así que en realidad tenemos una sola ecuación, y dos incógnitas (k_1 y k_2). Como hay más incógnitas que ecuaciones, esto no tiene una sola solución, tiene infinitas. Pero eso a nosotros no nos importa. Leé bien la definición de CL: solamente hace falta que existan unos coeficientes k1 y k_2 que cumplan con la igualdad, si hay muchos, mejor.
Una solución es $k_1 = 5$ y $k_2 = 0$; otra es $k_1 = 1$ y $k_2 = 2$; en fin ... hay muchas.

Elegí la solución que más te guste. Lo importante es que hay alguna solución: entonces (5 , 10) es CL de (1 , 2) y de (2, 4)

Esos son los tres casos que te pueden tocar cuando querés verificar una CL: que no sea CL, que sí sea con solución única, o con muchas soluciones.

DEPENDENCIA E INDEPENDENCIA LINEAL

La dependencia o independencia lineal es una cualidad de un conjunto de vectores, y tiene que ver con la relación que tienen estos entre sí. La "dependencia" lineal refiere a que los vectores dependen de alguna forma entre ellos. ¿ De qué forma ? La definición es clara, pero hablando en criollo podemos decir que un conjunto es linealmente dependiente (LD), si es posible escribir alguno de los vectores del conjunto como combinación lineal de los restantes.

(Vaya ya mismo unos párrafos más arriba y lea otra vez la definición de comb. Lineal !!). Y un conjunto es linealmente independiente (LI) cuando... bueno... simplemente cuando no es LD. Escribamos esto formalmente:

Dependencia lineal. Definición.
Un conjunto de vectores $A = \{\alpha_1 , \alpha_2, ... , \alpha_n\}$ es linealmente dependiente si existen algunos coeficientes $k_1, k_2, ... , k_n$ no todos nulos que cumplan:

$$k_1 . \alpha_1 + k_2 . \alpha_2 + ... + k_n . \alpha_n = 0$$

Si no existen esos coeficientes (o sea, si la única solución es $k_1 = k_2 = ...= k_n =0$), el conjunto A es linealmente independiente

Acá hay que aclarar algo muy importante. Cuando alguien dice vector cero, está hablando del elemento neutro del EV. Se le dice cero porque casi siempre (o sea, con las operaciones más comunes) es un vector con todas las componentes iguales a cero. Pero antes vimos que hay EV con otras operaciones. En esos casos, el vector cero ya no será (0 , 0 , 0, ...).

¿ Cómo se ve si un conjunto de vectores $\{\alpha_1, \alpha_2, ... \alpha_n\}$ es LI o LD ?
Muy fácil. Imponemos la ecuación vectorial:

$$k_1.\alpha_1 + k_2. \alpha_2 + ... + k_n. \alpha_n = 0$$

con $k_1, k_2,..., k_n$ arbitrarios.

Si el conjunto es LI, por definición, ninguno de los vectores puede escribirse como combinación lineal de los otros. Pero entonces la única solución que tiene esta ecuación es que todos los escalares sean nulos ($k_1 = k_2 = ... = k_n = 0$). Caso contrario, si hubiera k' s distintos de cero, por ejemplo k_j, podríamos escribir

$$-k_j . \alpha_j = k_1. \alpha_1 + ... + k_{j-1} . \alpha_{j-1} + k_{j+1} . \alpha_{j+1} + ... + k_n. \alpha n$$

o, si pasamos $-k_j$ dividiendo (eso solo se puede hacer si $k_j \neq 0$),

$$\alpha_j = -(k_1/k_j).\alpha_1 - ... - (k_{j-1}/k_j).\alpha_{j-1} - (k_{j+1}/k_j).\alpha_{j+1} - ... - (k_n/k_j). \alpha_n$$

y esto no es otra cosa que expresar al vector α_j como CL de los otros vectores del conjunto, lo cual contradice la definición de conjunto LI !!
En resumen, el conjunto es LI si la única solución posible es que todos los coeficientes sean cero. Sino, el conjunto es LD.

Bueno, hasta acá lo planteamos formalmente. ¿ Qué tal unos ejemplos ?

- ¿El conjunto de vectores de R^3 A = {(-2,0,1) ; (1,3,0) ; (-5,-3,2)} es LI o LD?

La única forma de responder esa pregunta es plantear una combinación lineal de los tres vectores igualada a cero (al vector (0 , 0 , 0)), o sea:

$$k_1 . (-2 , 0 , 1) + k_2 . (1 , 3 , 0) + k_3 . (-5 , -3 , 2) = (0 , 0 , 0)$$

$$(-2 k_1 + k_2 - 5 k_3 ; 3 k_2 -3 k_3 ; k_1 + 2k_3) = (0 , 0 , 0)$$

Acordate que en realidad acá hay tres ecuaciones, una por cada componente:

$$- 2 k_1 + k_2 - 5 k_3 = 0$$

$$3 k_2 - 3 k_3 = 0 \Rightarrow k_2 = k_3$$

$$k_1 + 2k_3 = 0$$

Fijate que como $k_2 = k_3$, la primera y la tercera ecuación son iguales (la primera queda $-2k_1 -4k_3 = 0$; y eso es igual a la última ecuación, toda multiplicada por -2). Así que en realidad hay dos ecuaciones con tres incógnitas; y esto no tiene solución única. Hay una solución que funciona siempre, y es $k_1 = k_2 = k_3 = 0$. Si la solución fuera única, sería esa, y los tres vectores serían LI., pero no es la única.

¿Entonces ya está? ¿Ya demostramos que no son LI, o sea, que son LD? Bueno, en realidad sí, pero con esta demostración nadie se va contento. Podemos hacer un pasito más: mostrar un ejemplo de una solución que no sea la de todos los coeficientes nulos. Por ejemplo, una solución es $k_1 = 2$; $k_2 = k_3 = -1$. Ahora sí, estamos mostrando una CL con no todos los coeficientes nulos. Si te fijás en la definición, esto significa que el conjunto A es linealmente dependiente (LD).

Como este fue el primer ejercicio de dependencia lineal que hicimos, nos llevó un ratito largo. Después de muchos ejercicios, te vas a acostumbrar a hacerlo a ojo: fijate que el tercer vector es CL de los primeros dos. Es igual a dos veces el primero menos una vez el segundo. Entonces, si uno de los vectores es CL de los demás, el conjunto es LD.

En general, es más fácil probar que un conjunto es LD que probar que es LI. ¿Por qué ? Porque para probar que es LD, todo lo que hay que hacer es mostrar una CL con algunos coeficientes no nulos y listo. Cómo se te ocurre esa combinación lineal no importa, puede ser totalmente sacada de la galera y vale igual. Para probar que es LI, hay que demostrar que hay una sola solución, y eso ya es más complicado. Veamos un ejemplo de eso, uno sencillito.

- Probar que el conjunto de vectores de R^2 B= {(1 , 2) ; (3 , 4)} es LI.

¿Cómo se hace eso? Siempre que hay que ver que un conjunto es LI o LD, planteamos una CL y la igualamos a cero.

$$k_1 . (1 , 2) + k_2 . (3 , 4) = (k_1 + 3 k_2 , 2k_1 + 4k_2) = (0 , 0)$$

De esta igualdad sacamos dos ecuaciones:

$$k_1 + 3k_2 = 0$$

$$2k_1 + 4k_2 = 0$$

Este es un sistema de dos ecuaciones con dos incógnitas. Hay una solución más o menos obvia, y es que $k_1 = k_2 = 0$. Sí, eso ya lo sabíamos: siempre que todas las ecuaciones estén igualadas a cero, esta esa solución. Lo difícil es demostrar que es la única solución. Hay muchas formas de resolver esto: vamos a hacerlo de una forma fácil. De la primera ecuación despejamos una incógnita en función de la otra, y reemplazamos eso en la otra ecuación:

$$k_1 + 3 k_2 = 0 \quad \Rightarrow \quad k_1 = -3 k_2$$

$$2k_1 + 4k_2 = 2 . (-3 k_2) + 4k_2 = - 2 k_2 = 0 \Rightarrow k_2 = 0 \Rightarrow k_1 = 0$$

Como la única solución es $k_1 = k_2 = 0$, el conjunto es LI.

Fijate que en realidad, cuando queremos ver si un conjunto es LI o no, no nos interesa encontrar todas las soluciones de la ecuación

$$k_1 .\alpha_1 + k_2 . \alpha_2 + ... + k_n . \alpha_n = 0$$

solamente nos interesa saber si la solución es única o no. Para eso no necesitamos resolver toda la ecuación, hay formas más fáciles. Veamos cómo se hace para los casos más fáciles, o sea para n-uplas (en general, se puede hacer para cualquier espacio vectorial con cualquier forma, pero eso es más complicado, y lo vemos más adelante cuando veamos coordenadas).

Si queremos ver si el conjunto $\{\alpha_1, \alpha_2, ... , \alpha_r\}$ es LI, armamos una matriz donde ponemos los vectores como filas. La idea es, mediante una serie de operaciones permitidas, dejar la máxima cantidad de ceros posible en alguna fila. Si se puede llenar una fila toda de ceros, el conjunto es LD, y sino, es LI. Así de simple.

Las operaciones permitidas entre dos filas son:

1) Intercambiar filas de lugar: eso no tiene mucho secreto, y casi nunca la usamos porque lo único que queremos hacer es llenar una fila de ceros, no nos importa si es la primera, la segunda o la última.
2) Multiplicar una fila por un escalar que no sea el 0.
3) Sumar a una fila, otra fila multiplicada por un escalar que no sea el 0.

Para entender bien esto mejor veamos un ejemplo:

- El conjunto {(1,3,2) ; (4,0,-2) ; (3,3,1)} es LI?

Bueno, antes que nada nos armamos la matriz:

$$\begin{pmatrix} 1 & 3 & 2 \\ 4 & 0 & -2 \\ 3 & 3 & 1 \end{pmatrix}$$

Ahora tratamos, con las operaciones permitidas de llenar una fila de ceros: la más fácil parece la del medio, porque ya hay un cero. Pero eso es bastante engañoso, porque se termina complicando más de lo que parece. Casi siempre (excepto en algún caso que parezca muy obvio otra cosa) lo más fácil es llenar de ceros toda la parte que está por abajo de la diagonal principal, o sea el triangulo de la izquierda. Bueno, vamos por partes.
Para poner un cero en la posición Fila 2 - Columna 1 (o sea posición 2 - 1), podemos restarle a la fila 2 cuatro veces la fila 1; y para poner un cero en la posición 3-1, le restamos a la fila 3, tres veces la fila 1. Nos queda algo así:

$$\begin{pmatrix} 1 & 3 & 2 \\ 4 & 0 & -2 \\ 3 & 3 & 1 \end{pmatrix} \Rightarrow \begin{matrix} f_2 - 4 * f_1 \\ f_3 - 3 * f_1 \end{matrix} \Rightarrow \begin{pmatrix} 1 & 3 & 2 \\ 0 & -12 & -10 \\ 0 & -6 & -5 \end{pmatrix}$$

Fijate que nos quedó: la fila del medio es exactamente el doble de la última fila. Entonces, si a la fila 2 le restamos dos veces la fila 3 nos queda:

$$\begin{pmatrix} 1 & 3 & 2 \\ 0 & -12 & -10 \\ 0 & -6 & -5 \end{pmatrix} \Rightarrow f_2 - 2 * f3 \quad \Rightarrow \begin{pmatrix} 1 & 3 & 2 \\ 0 & 0 & 0 \\ 0 & -6 & -5 \end{pmatrix}$$

Y listo, como nos quedó una fila llena de ceros, es un conjunto LD.

Ya sé lo que estás pensando. Esto parece más complicado que resolver la ecuación. Pero no es así, cuando te acostumbres, esto lo vas a poder hacer en dos segundos. Un ejercicio que aparece mucho es el de independencia lineal con parámetros. Un ejemplito rápido para entender bien qué es un parámetro:

El conjunto A = {(1,0) ; (1, k)} es LD si k = 0, y es LI si k $\neq$ 0.

En este caso decimos que k es un **parámetro**, porque dependiendo de cuanto valga k, cambia alguna propiedad del conjunto A: es LI o LD.
Y bueno, los ejercicios son siempre como este, un poco más complicados. Veamos uno típico, antes de pasar a otro tema:

- ¿Para qué valores de k $\in$ R es LI el conjunto {(0,1,-2) ; (-1,1,k) ; (k + 2,-2,0)}?

Lo resolvemos armando la matriz, y operando con las filas:

$$\begin{pmatrix} -1 & 1 & k \\ 0 & 1 & 2 \\ k+2 & -2 & 0 \end{pmatrix} \Rightarrow f_3 + (k+2) * f_1 \Rightarrow \begin{pmatrix} -1 & 1 & k \\ 0 & 1 & 2 \\ 0 & k & k^2+2k \end{pmatrix} \Rightarrow f_3 - k * f_2 \Rightarrow \begin{pmatrix} -1 & 1 & k \\ 0 & 1 & 2 \\ 0 & 0 & k^2 \end{pmatrix}$$

Acordate que el conjunto es LD si podemos llenar alguna fila de ceros. Entonces, solamente es LD si k = 0, y es LI para cualquier otro valor de k $\in$ R.

Consecuencias

De la definición de dependencia/independencia lineal se desprenden algunas consecuencias directas que permiten saber rápidamente si algunos conjuntos son LI o LD, a ojo, sin hacer muchas cuentas.

Uno. "Cualquier conjunto que contenga al vector cero es LD."

Esto es muy fácil de ver. Si tenemos el conjunto $\{\alpha_1, \alpha_2, \ldots \alpha_r, 0\}$, me alcanza porque me alcanza con escribir una combinación lineal

$$k_1.\alpha_1 + k_2.\ \alpha_2 + \ldots + k_r.\ \alpha_r + k_{r+1}.\ 0$$

Podemos tomar $k_1 = \ldots = k_r = 0$ y $k_{r+1} = 1$ entonces tenemos

$$k_{r+1}.\ 0 = 1.\ 0 = 0$$

O sea, el vector cero escrito como una combinación lineal de los vectores del conjunto, con escalares no todos nulos. En otras palabras, un conjunto LD !

Dos. "Cualquier conjunto que contenga a un subconjunto LD es también LD"

Esto también es muy fácil de ver. Si yo tengo un conjunto LD $\{\alpha_1, \alpha_2, \dots \alpha_r\}$, puedo escribir al cero como comb. lineal de sus vectores con coeficientes que no sean todos nulos (eso me dice la definición)

$$k_1.\alpha_1 + k_2.\ \alpha_2 + \dots + k_r.\ \alpha_r = 0$$

Si ahora tengo un conjunto más grande que lo contiene ($\{\alpha_1, \dots \alpha_r, \beta_1, \dots \beta_s\}$), puedo escribir una combinación lineal que sea la misma que antes, pero agregando los vectores que faltan, cada uno con su coeficiente

$$k_1.\alpha_1 + \dots + k_r.\ \alpha_r + k_{r+1}.\ \beta_1 + k_{r+2}.\beta_2 + \dots + k_{r+s}.\ \beta_s = 0$$

Y ahora ? Muy fácil !, eligiendo los escalares $k_{r+1} = k_{r+2} = \dots = k_{r+s} = 0$, y el resto igual que antes, lo que tenemos es una combinación lineal que da el vector cero, con los escalares no todos nulos, pues el conjunto de los vectores alfa es LD.

<u>Tres</u>. " Todo subconjunto de un conjunto LI es LI ".

A ver ? pensemos un cachito... Tenemos un conjunto LI. Entonces ninguno de los vectores puede escribirse como combinación lineal de los otros. Si ahora nos quedamos con un subconjunto de esos vectores, menos todavía vamos a poder escribir alguno de ellos como combinación de los otros. Es decir, tenemos menos vectores, menos vectores que antes. Si los vectores del conjunto inicial ya eran independientes entres sí, son independientes todos de todos así que por más que nos quedemos con un puñadito no los vamos a poder obligar a depender los unos de los otros !!

<u>Cuatro</u>. " Un conjunto de dos vectores es linealmente independiente excepto cuando uno de los vectores es múltiplo escalar del otro "

Esto es fácil de chequear: si el conjunto es LD, entonces podemos escribir al vector cero como combinación lineal de ellos:

$$k_1.\alpha_1 + k_2.\ \alpha_2 = 0$$

Pero entonces

$$k_1.\alpha_1 = -k_2.\ \alpha_2 \quad \Rightarrow \quad \alpha_1 = (-k_2/\ k_1).\ \alpha_2$$

O sea, α_1 es múltiplo de α_2. En caso contrario el conjunto es LI.

Todo esto de hablar de un espacio vectorial V muy general está muy lindo, pero en la práctica, los EV que más usamos son R^2 o R^3. Y en estos dos espacios, la dependencia lineal tiene toda una <u>interpretación geométrica</u>.

En R^2.

Un par de párrafos más arriba vimos que dos vectores son LD cuando uno es un múltiplo del otro. ¿Y eso qué significa geométricamente?
Significa que tiene la misma dirección. O sea que si dibujamos los dos en un grafiquito de ejes x,y; los dos quedan sobre la misma recta.
Así es mucho más fácil: un conjunto de dos vectores de R^2 es LD si están en la misma recta, y sino, son LI.

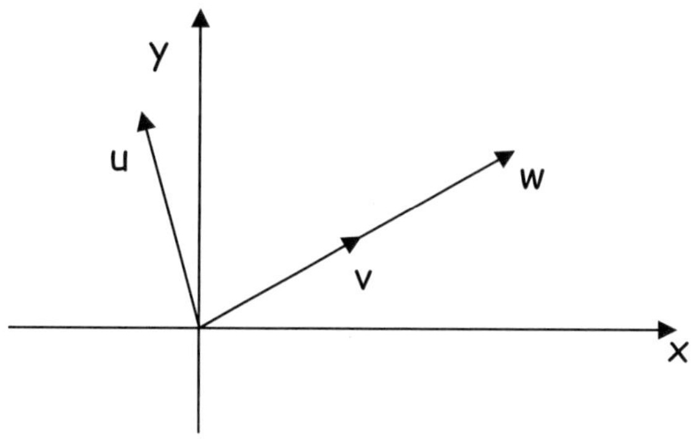

Los vectores v y w son LD porque están en la misma recta; pero los conjuntos { u, v } y { u , w } son LI porque los vectores no están en la misma recta.

En R^3.

Si tenemos dos vectores, es exactamente lo mismo que en R^2. . ¿Y si tenemos tres vectores?. ¿Y cuatro?, ¿Y muchos vectores?. Bueno, vamos más despacio. Primero veamos qué pasa si tenemos tres vectores en R^3.

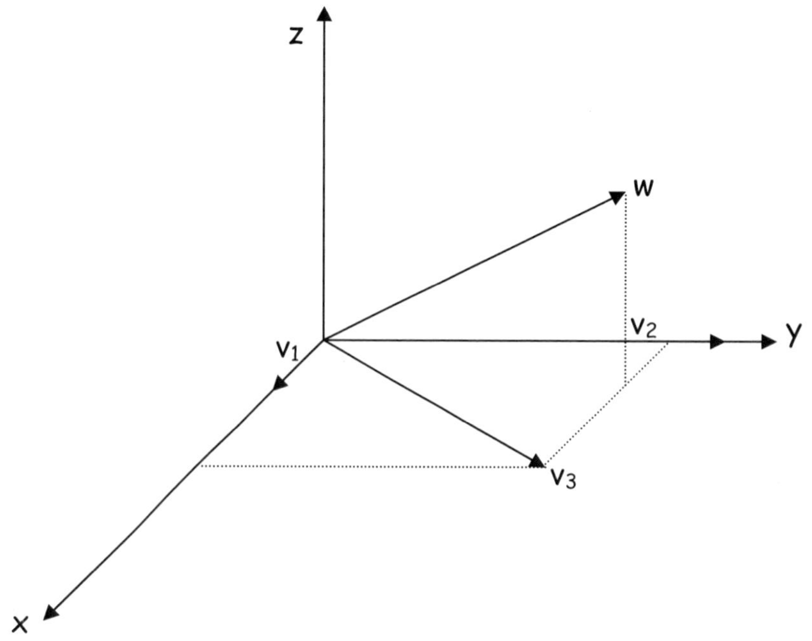

Un vector de R^3 es CL de otros dos si están los tres en el mismo plano. Fijate en el gráfico: los tres vectores v_1, v_2 y v_3 están en el plano x,y (o sea cuando z = 0), y podemos escribir el vector v_3 como la suma de uno que tiene la dirección de v_1 (o sea, un múltiplo de v_1) y otro con la dirección de v_2 (o sea, un múltiplo de v_2). Eso no es ni más ni menos que una CL. Y si podemos escribir un vector como CL de los demás, el conjunto es LD.

¿ Y cuándo son LI tres vectores ? Fácil, cuando no son LD, o sea, cuando no están los tres en el mismo plano. Por ejemplo, el conjunto $\{v_1, v_2, w\}$ es LI, porque v_1 y v_2 están en el mismo plano, pero w no.

¿Qué pasa con un conjunto de cuatro vectores de R^3? Bueno, eso es siempre LD. La demostración es bastante rebuscada, así que la dejamos para después. Pero ya te voy adelantando que en R^3 no puede haber más de tres vectores LI.

Bueno, ya te imaginás más o menos que significa que dos o tres vectores sean LI: te armás el dibujito en la cabeza y ya está. ¿Y con las funciones? ¿Cómo sabemos si dos funciones son linealmente dependientes o no? Esto ya es difícil de imaginárselo, pero básicamente, son LI cuando no tienen nada que ver una con la otra. Por ejemplo, $f(x) = x^2$ y $g(x) = sen(x)$. Estas dos seguro que son LI. Pero hay casos más difíciles.

Por ejemplo, ¿el conjunto $B = \{f_1(x) = 3 + x \ ; \ f_2(x) = 4 - 5x \ ; \ f_3(x) = x\}$ es LI o LD? Bueno, esto ya es complicado, no podemos sacarlo "a ojo". La única que nos queda es plantear la combinación lineal igualada a cero. OJO: cuando digo "cero" quiero decir el elemento neutro, o sea la función $g(x) = 0$. Lo que te quiero decir es que tiene que valer cero para cualquier valor de x.

Bueno, las cuentas son bastante largas, son algo así:

$$k_1 \, . \, f_1(x) + k_2 . \, f_2(x) + k_3 \, . \, f_3(x) = 0$$

$$k_1 . \, (3 + x) + k_2 \, . \, (4 - 5x) + k_3 \, . \, x = 0$$

$$(k_1 - 5k_2 + k_3) \, . \, x + (3k_1 + 4k_2) = 0$$

Para que esta suma sea igual a cero para cualquier valor de x, los dos paréntesis tienen que ser cero. Entonces, tenemos dos ecuaciones con dos incógnitas, y eso no tiene una única solución. Así que, además de la solución fácil ($k_1 = k_2 = k_3 = 0$) hay otras. Alcanza con mostrar una sola, no importa como se te ocurrió, para demostrar que son LD.

Por ejemplo, una solución es $k_1 = 4$; $k_2 = -3$; $k_3 = -19$. ¿Por qué mostré esa solución y no otra? Porque fue la primera que se me ocurrió: podés mostrar cualquiera, es lo mismo.

Subespacios

Un subespacio es una cosa simple de definir pero de gran utilidad. Esta utilidad radica en que TODAS las propiedades o teoremas que pueden aplicarse a un **EV**, pueden se aplican también a un sub-**EV**. Y esto sale directo de la definición:

Sea V un espacio vectorial. Si W es un subconjunto de V, se dice que W es un subespacio de V si cumple con todas las propiedades de un espacio vectorial (las mismas que V)

- En otras palabras un sub-**EV** es un **EV** en sí mismo con las operaciones heredadas del **EV**.
- Pero entonces un sub-**EV** es un **EV** metido adentro de otro!.
- Sí.
- ¿Y cómo puede pasar eso ?
- Y, muy lógico, fijate que de las propiedades que definen a un EV, las de asociatividad y distributividad son inherentes a las operaciones de adición y multiplicación, no importa con cuáles de los elementos de V estemos tratando. Así que con eso no tenemos problemas.

Pero **OJO**: no todos los subconjuntos W de un EV son subespacios. Por ejemplo, el conjunto de dos elementos A = {(1,1) ; (5,0)} es un subconjunto de R^2, pero no es subespacio.

¿Por qué no es un SEV? ¿No cumple las propiedades de la adición y el producto? Bueno, cumple muchas de las propiedades, por ejemplo, la suma sigue siendo conmutativa, el producto también. Pero para ser un EV en sí mismo, tiene que cumplir todas las propiedades, y hay una muy importante que no cumple: la suma no es cerrada. Eso quiere decir que si yo sumo dos elementos de A, el resultado no es otro elemento de A.

Entonces hay que tener cuidado: no todos los subconjuntos son SEV. Tienen que cumplir tres propiedades básicas:

1) Tiene que estar el "cero" o elemento neutro del EV. Esto es muy importante, porque, como tiene que ser un EV en sí mismo, tiene que tener elemento neutro, sino está todo mal. En el lenguaje extraño del álgebra, esto se dice que 0 W.

Esto ya me está diciendo que W tiene que tener por lo menos un elemento (el 0), o sea que no puede ser vacío. Así que ya lo dejamos bien clarito: el conjunto vacío no es un subespacio !!!!

2) La suma tiene que ser cerrada. Esto quiere decir que si sumo dos vectores cualesquiera de W, me tiene que dar otro vector de W.
O sea que si α W y β W, $\alpha + \beta$ también tiene que estar en W. Importante: esto se tiene que cumplir para cualquier α y β W

3) Lo mismo con el producto por escalares, también tiene que ser cerrado. Si α es un vector de W y k un escalar, k . α tiene que ser un vector de W. Igual que con la suma, se tiene que cumplir para cualquier k y cualquier a W

Pará pará, vamos más despacio. Antes de seguir con definiciones y propiedades y cosas por el estilo, vamos a un ejemplo. Uno bien simple: en R^2 (pará un segundo, antes dijimos que no me alcanza con decir R^2, también tenemos que decir como es la suma y el producto. Bueno, vamos a hacerla fácil, son la suma y el producto usuales, las que usamos siempre), ¿qué subespacios hay?. Hay dos que se me ocurren rápido:

- R^2: claro. El mismo EV es un subespacio de sí mismo. Este es el subespacio "más grande" que podemos encontrar en un EV: el mismo EV. Digo que es el más grande porque fijate que ocupa todo el plano.

- El conjunto de un solo elemento {0}. Fijate que cumple con todo, está el cero; y la suma y el producto son cerrados, porque dan siempre 0. Este subespacio está siempre: en todos los EV, el conjunto formado solamente por el elemento neutro es un subespacio.

¿Hay alguno más? Sí hay, pero no son tan obvios. Algunas rectas son subespacios, pero no todas: solamente las que pasan por el cero.
Antes que nada, ¿qué quiere decir eso de una recta?. ¿No estábamos hablando de vectores en R^2? Sí tenés razón. Pero cada vector de R^2 lo podemos representar por un punto (x,y). Cuando hablamos de una recta nos referimos a todos los vectores que tienen los puntos (x,y) alineados en una recta. O sea que tienen la misma dirección. Mejor miralo en el gráfico:

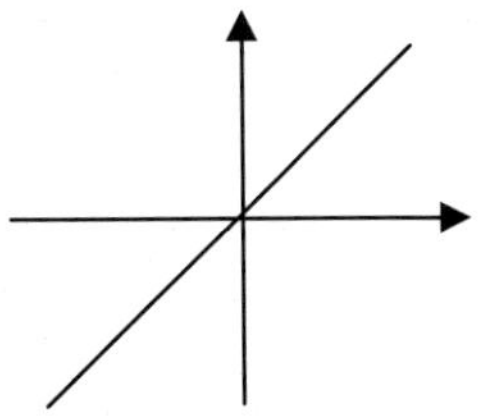

Bueno, ahora que tenemos bien una definición de subespacio, veamos un par de ejercicios fáciles y rápidos. Decidir si los siguientes conjuntos son SEV:

- $A = \{(x_1 , x_2 , x_3) R^3$ tal que $x_1^2 + x_2^2 + x_3^2 > 0\}$

Siempre la forma más fácil de ver si un conjunto es subespacio o no, es ver si está el vector 0. Como en este caso nos dicen cómo es el conjunto con una desigualdad, nos fijamos si el (0,0,0) la cumple: no, porque $0^2 + 0^2 + 0^2 = 0$, y eso no es mayor que 0. Listo, ya está, como no está el 0, no es SEV.

- $B = \{(x_1 , x_2) R^2$ con $x_1 = 0\}$

Para ver si es un SEV, hay que verificar tres cosas:

1) Primero lo más fácil: veamos si está el (0 , 0). Para eso primero veamos qué pinta tienen los vectores de B: en la primera componente tienen un cero, y en la segunda cualquiera cosa. Ah mirá qué bueno: el vector 0 tiene esa pinta, así que 0 B. Vamos bien, ahora veamos el resto.

2) La suma tiene que ser cerrada, o sea que si tenemos dos vectores α y β de B, queremos ver si la suma $\alpha + \beta$ es un elemento de B. Para eso no nos queda otra que hacer la cuenta y ver qué da:

$$\alpha + \beta = (\alpha_1 , \alpha_2) + (\beta_1 , \beta_2) = (\alpha_1 + \beta_1 , \alpha_2 + \beta_2)$$

Veamos: α y β son vectores de B, así que $\alpha_1 = 0$ y $\beta_1 = 0$. Entonces:

$$\alpha + \beta = (0 , \alpha_2 + \beta_2)$$

Fijate que eso tiene la pinta de los elementos de B: un cero en la primera componente y cualquier cosa en la segunda: entonces $\alpha + \beta$ B. Listo, así demostramos que la suma es cerrada para cualquier α y β de B

3) Por último, tenemos que ver si el producto por un escalar es cerrado, o sea si $k . \alpha$ da como resultado un elemento de B para cualquier escalar k y cualquier vector α B. Bueno, hagamos la cuenta:

$$k . \alpha = k . (\alpha_1 , \alpha_2) = (k . \alpha_1 , k . \alpha_2)$$

Ahora usemos los datos que tenemos: como a es un vector de B, $\alpha_1 = 0$, y:

$$k . \alpha = (0 , k . \alpha_2)$$

Es lo mismo del punto anterior. El resultado nos quedó con un cero en la primera componente, y algo en la segunda. Eso es exactamente la pinta de los elementos de B. O sea, $k . \alpha$ es un elemento de B.
Listo, como cumple con las tres cosas, B es un SEV de R^2.

- $C = \{(x_1 , x_2 , x_3)$ R^3 tal que $x_1^2 = x_2^2\}$

1) El vector cero está en C, porque $0^2 = 0^2$. Vamos bien, sigamos.
2) La suma es cerrada ? Antes que nada, qué te parece: sí o no? Te pregunto eso porque es mucho más fácil demostrar algo cuando tenés una idea de a qué querés llegar. A mí me parece que no, porque esta materia se llama Álgebra Lineal, y eso tiene que ver con sumas y productos, nada más rebuscado que eso, y acá nos aparecen cosas elevadas al cuadrado. Bueno, entonces a mí me parece que no es cerrada. Cómo lo demuestro ? Fácil, con un contraejemplo.

$\alpha = (1 , 1 , 0)$ y $\beta = (2 , -2 , 4)$ son vectores de C, porque cumplen que $x_1^2 = x_2^2$

Veamos qué pasa con la suma:

$$\alpha + \beta = (1 , 1, 0) + (2 , -2 , 4) = (3 , -1 , 4)$$

Ese no es un vector de C, porque $3^2 = 9$ y $(-1)^2 = 1$. Como no son iguales, la suma no es cerrada; y C no es un subespacio. No hace falta que verifiquemos la parte 3 (si el producto es cerrado), porque tiene que cumplir las tres propiedades al mismo tiempo: alcanza con demostrar que no cumple una.

Bueno, ya vimos ejemplos de SEV de los más comunes, o sea con vectores de R^2 y R^3. Ahora, para terminar, veamos ejemplos de subespacios de funciones, o sea que los elementos son funciones.

- D = { f(x) tal que f(1) = 1 + f(0) }

1) Este ejercicio es bastante fácil, porque la función nula no está en D. La función nula es esa que vale cero para cualquier valor de x, o sea f(x) = 0. Fijate que no es de la pinta de los elementos de D, porque f(0) = f(1) = 0, y entonces no es verdad que f(1) = 1 + f(0). Listo, como no está la función nula, D no es un subespacio

Antes de pasar a otro tema, una última cosa sobre los subespacios de R^2, R^3 y en general, de R^n. Si tenemos un sistema de ecuaciones lineales homogéneo (o sea que todas las ecuaciones están igualadas a cero), las soluciones forman un subespacio; y también vale al revés: todo subespacio podemos escribirlo como las soluciones de algún sistema de ecuaciones lineal y homogéneo (S.L.H.).

En este momento, si ya te fuiste armando una mente matemática, debés estar pensando en un par de ejemplos y ves que se cumple. Pero, ¿ será verdad eso para cualquier subespacio, así en general ? Bueno, si estás pensando eso vamos bien, porque significa que dudas de las cosas que nadie demostró. Y tenés razón, si te digo algo así de general, te lo tengo que demostrar.

Antes de ver si las soluciones de un S.L.H. cumplen con las tres propiedades, repasemos un poco. Todos los sistemas de ecuaciones se pueden representar con una matriz, y la solución es un vector. Si lo escribimos así, la ecuación que tenemos que resolver es $A.x = 0$, donde A es una matriz, x es un vector de R^n y 0 es el vector cero de R^n (o sea con n componentes iguales a cero.) Ahora sí, si definimos el conjunto $E = \{ x \in R^n$ tal que $A . x = 0 \}$, o sea el que tiene todas las soluciones del S.L.H., para ver si es subespacio nos fijamos en tres cosas:

1) El vector cero pertenece a E, porque cualquier matriz (acordate que estamos hablando de cualquier S.L.H., así que A puede ser cualquier matriz) multiplicada por el vector cero da como resultado 0.
2) La suma es cerrada. Si tenemos dos vectores x, y de E, la suma también está en E, porque

$$A . (x + y) = A . x + A . y = 0 + 0 = 0 \Rightarrow A . (x + y) = 0$$

3) Lo mismo con el producto por un escalar. Es cerrado porque

$$A . (k . x) = k . (A . x) = k . 0 = 0 \Rightarrow A . (k . x) = 0$$

Listo, cumple con las tres propiedades: E es un subespacio de R^n.

(Sub)Espacios generados

Si tomamos un puñado de vectores $\{ \alpha_1, \alpha_2, ..., \alpha_r \}$, pertenecientes a un espacio vectorial V, y escribimos una combinación lineal con ellos, lo que obtenemos es un nuevo vector, que también está en V. (Obvio, porque una combinación lineal no es más que multiplicación por escalares y suma de vectores, y estas operaciones son cerradas, o sea, siempre nos devuelven algo que esta en el **EV**...). Si tomamos esos mismos vectores y escribimos otra combinación lineal, o sea, elegimos otros escalares, obtendremos un nuevo vector en V. Si ahora tomamos todos los vectores que pueden obtenerse haciendo combinaciones lineales de los vectores del puñadito inicial o, lo que es lo mismo, consideramos el conjunto de tooodas las combinaciones lineales de estos vectores, lo que obtenemos resulta ser un espacio vectorial. Este **EV** está contenido en V y por lo tanto es un subespacio de V, que se le llama <u>subespacio generado</u> por los vectores $\{\alpha_1, \alpha_2, ..., \alpha_r\}$; y a ese grupo de vectores se lo llama <u>sistema de generadores del subespacio</u>.

Hay diferentes notaciones para expresar que un conjunto es un subespacio generado por tal y tal vectores. Por ejemplo, si llamamos $U = \{\alpha_1, \alpha_2, ..., \alpha_r\}$ y W al subespacio de V generado por U, se escribe:

W = lin (U) o W = S(U) o W = < U >

o directamente

$W = \text{lin}\{\alpha_1, \alpha_2, ..., \alpha_r\}$ o $W = S(\alpha_1, \alpha_2, ..., \alpha_r)$ o $W = \langle \alpha_1, \alpha_2, ..., \alpha_r \rangle$

(La S acá viene de "spanned" que quiere decir "generado por" en inglés y algunos libros lo usan. Y "lin" viene de "combinaciones lineales ".)

- Una cosa importante que casi nunca se dice: si $W = \langle\alpha_1, \alpha_2, ..., \alpha_r\rangle$, todos los vectores $\alpha_1, \alpha_2, ... , \alpha_r$ pertenecen al subespacio W.
- ¿ Qué significa eso ?
- Nada en especial. Solamente quiero dejar claro que los generadores pertenecen al subespacio generado. Y claro, esto no tiene ningún secreto: son CL de ellos, porque $\alpha_1 = 1 . \alpha_1 + 0 .\alpha_2 + ... + 0 . \alpha_r$, y lo mismo con los demás.

Como siempre, la forma más intuitiva de ver las cosas es, cuando se puede, mirar la interpretación geométrica tomando como ejemplo vectores en R^2 o R^3. Por ejemplo, si tomamos un vectorcito a en R^2, y miramos cuál es el espacio que genera vemos que no hay demasiadas opciones... Cualquier combinación lineal se escribe como $\beta = k.\alpha$. Esto, geométricamente no es otra cosa que una recta con vector director α.

Si ahora tomamos 2 vectores (no colineales) α y β en R^3, el subespacio por ellos generado será un plano. Por ejemplo, ej plano xy está generado por los vectores (1,0,0), en la dirección del eje x, y el (0,1,0), en la dirección del eje y.

Todo muy lindo con esta definición, no parece muy complicada. Pero para entender en serio de qué estamos hablando hay que ver algunos ejemplos:

- Escribir el sistema de generadores del SEV $A = \{(x_1 , x_2) \in R^2$ tal que $x_1 = 0\}$

Antes de empezar a hacer cuentas, veamos qué pinta tienen los vectores de A: tienen un cero en la primera componente, y cualquier cosa en la segunda. O sea, que si v es un vector de A, lo podemos escribir como

$$v = (0 , x_2) = x_2 . (0 , 1)$$

Fijate qué nos quedó: podemos escribir ese vector v (acordate que v es un elemento cualquiera de A) como un múltiplo de (0,1). Bueno, eso no es otra cosa que una CL de un solo vector: el (0,1). Eso quiere decir que podemos generar todo el subespacio A con ese vector, o sea que $A = \langle (0 , 1) \rangle$

Antes dijimos que en general cualquier conjunto que sea la solución de un sistema de ecuaciones lineales homogéneas (o sea, igualadas a cero, como en el ejemplo anterior) es un subespacio. Y muchos problemas son así, te dan un sistema de ecuaciones y tenés que encontrar el sistema de generadores del subespacio. Veamos un ejemplo más complicado:

$S = \{(x_1, x_2, x_3, x_4, x_5) \in R^5$ tal que $x_1 - 2x_3 + x_4 = x_2 + 2x_1 = x_3 - 3x_4 + x_2 = 0\}$

Esto que tenemos acá, todo escrito en un renglón son tres ecuaciones (una por cada signo =) todas igualadas a cero. La idea es en cada una, poder despejar una de las incógnitas en función de las demás, e ir reemplazando en las otras ecuaciones. No es muy complicado, algo así:

$x_1 - 2x_3 + x_4 = 0 \quad \Rightarrow x_1 = 2x_3 - x_4$

$x_2 + 2x_1 = 0 \quad \Rightarrow \quad x_2 = -2\, x_1 = -2\, .\, (2x_3 - x_4) \quad \Rightarrow \quad x_2 = 2x_4 - 4x_3$

$x_3 - 3x_4 + x_2 = 0 \quad \Rightarrow \quad x_3 - 3x_4 + 2x_4 - 4x_3 = -x_4 - 3x_3 = 0 \quad \Rightarrow x_4 = -3x_3$

Bueno, entonces tenemos x_1 y x_2 en función de x_3 y x_4. Pero además tenemos x_4 en función de x_3, así que podemos escribir todo en función de x_3 (menos el x_5 que no aparece en ninguna de las ecuaciones).

$$x_1 = 2\, x_3 - x_4 = 2\, x_3 - (-3\, x_3) \quad \Rightarrow x_1 = 5\, x_3$$

$$x_2 = 2x_4 - 4x_3 = 2\, .\, (-3\, x_3) - 4x_3 \Rightarrow x_2 = -10\, x_3$$

$$x_3 = x_3$$

$$x_4 = -3x_3$$

$$x_5 = x_5$$

Después de tantas cuentas, el vector $X = (x_1, x_2, x_3, x_4, x_5)$ nos queda:

$$X = (5x_3, -10\, x_3, x_3\, , -3x_3\, , x_5) = x_3\, .\, (-5,-10,1,-3,0) + x_5\, .\, (0,0,0,0,1)$$

¿Qué quiere decir eso? Quiere decir que cualquier vector X del subespacio B lo podemos escribir como una CL de dos vectores: el (-5,-10,1,-3,0) y el (0,0,0,0,1) Y eso es justamente lo que buscamos: con esos dos vectores podemos generar todo el subespacio, así que

$$S = \langle (-5,-10,1,-3,0)\, ,\, (0,0,0,0,1) \rangle$$

Base de un subespacio

En el ejemplo anterior, con dos vectores pudimos generar el subespacio S. Pero también lo podemos generar con tres, por ejemplo así:

$$S = \langle (-5,-10,1,-3,0) ; (0,0,0,0,1) ; (0,0,0,0,2) \rangle$$

Ah claro, si el tercer vector es un múltiplo del segundo. Con ese mismo truco, podemos generar S con cuatro vectores, o cinco, o lo que se te ocurra.
Bueno, ya vimos que no hay límite máximo para el número de vectores que generan un subespacio. La idea ahora es encontrar si hay algún mínimo: se puede generar ese subespacio S con un solo vector?
Para responder este tipo de preguntas, aparece el concepto de base de un subespacio. Primero te doy la definición formal.

Si S es un subespacio contenido en un espacio vectorial V, se dice que el subconjunto $B \subseteq V$ es una base de S si cumple dos propiedades:

1) Es linealmente independiente
2) Es un sistema de generadores de S.

O sea, una base no es otra cosa que un sistema de generadores LI. Entonces, en el ejemplo anterior:

B = {-5,-10,1,-3,0) , (0,0,0,0,1)} es una base de S, porque lo genera (o sea que cualquier vector de S se puede escribir como CL de esos vectores), y es LI (ninguno de los dos vectores es múltiplo del otro);

C = {-5,-10,1,-3,0) , (0,0,0,0,1), (0,0,0,0,2)} no es una base, porque no es LI.

D = {(-5,-10,1,-3,0) ; (0,0,0,0,2)} es una base, porque genera S y es LI.

Acá encontramos dos bases del mismo subespacio S: B Y D. Desde ya te voy adelantando que para cualquier subespacio de más de un elemento (o sea, estoy descartando el subespacio { 0 }) tiene infinitas bases.

Bueno, y de qué nos sirven las bases? Sirven bastante, porque tienen algunas propiedades interesantes, por ejemplo:

Teorema: si B_1 y B_2 son dos bases de un subespacio S ($S \neq 0$), B_1 y B_2 tienen la misma cantidad de elementos. A la cantidad de elementos de una base de S se la llama **dimensión** de S.

Bueno, veamos algún ejemplo: encontrar dos bases distintas del subespacio

$$T = \{ (x_1,x_2,x_3,x_4)\ R^4 \text{ tal que } x_1 + 2x_3 - x_2 = x_4 - 3x_3 + 2x_1 = 0 \}$$

Como una base es un sistema de generadores LI, primero tenemos que ver con qué vectores podemos generar el subespacio. Para eso, resolvemos las dos ecuaciones que tenemos:

$$x_1 + 2x_3 - x_2 = 0 \quad \Rightarrow \quad x_2 = x_1 + 2x_3$$

$$x_4 - 3x_3 + 2x_1 = 0 \Rightarrow x_4 = 3x_3 - 2x_1$$

Con estas dos igualdades, un vector $X = (x_1,x_2,x_3,x_4)$ de T nos queda:

$$X = (x_1 \, , \, x_1 + 2x_3 \, , \, x_3 \, , \, 3x_3 - 2x_1 \,) = x_1 \, . \, (1,1,0,-2) + x_3 \, . \, (0,2,1,3)$$

X es CL de dos vectores, y como X es un vector cualquiera de T, entonces

$$T = \langle(1,1,0,-2) \, ; \, (0,2,1,3)\rangle$$

Listo, ya tenemos un sistema de generadores (S.G.). Ahora, ¿cómo conseguimos una base? Acordate que una base es un S.G. LI. Entonces, si ese S.G. que encontramos es LI ya está. Fijate que es linealmente independiente, porque ninguno de los vectores es múltiplo del otro. Entonces

$B_1 = \{ (1,1,0,-2) \, ; \, (0,2,1,3) \}$ es una base de T

Nos piden dos bases. ¿Cómo hacemos para encontrar la otra, si hasta ahora solamente sabemos encontrar bases resolviendo las ecuaciones y eso ya lo hicimos?. Pero también podemos encontrar bases nuevas a partir de una base que ya tenemos. Un truco muy común es reemplazar uno de los vectores por una CL de todos o algunos de los vectores de la base. Por ejemplo, si en vez del segundo vector, lo reemplazamos por la suma de los dos, nos queda:

$B_2 = \{(1,1,0,-2) \, ; \, (1,3,0,1)\}$ también es una base de T

Y del mismo modo, podemos encontrar muchas bases de T, acordate que hay infinitas. Como las dos bases tiene dos elementos, decimos que la dimensión de T es 2, y eso se escribe así: dimT = 2.

Existen espacios de dimensión finita, y de dimensión infinita. Los primeros son los más fáciles, son aquellos que tienen una base con un número finito de elementos. Por ejemplo R^3 es un espacio de dimensión 3, porque tiene una base $B = \{(1,0,0) \, ; \, (0,1,0) \, ; \, (0,0,1)\}$ que tiene tres elementos.

Los espacios de dimensión infinita son más complicados, y por eso son menos frecuentes. Estos espacios no tienen ninguna base con un número finito de elementos. Quiere decir que no existe ningún conjunto de n elementos con los que pueda generar todo el espacio. El ejemplo más común es el del espacio de funciones. Como por lo general las funciones son alguna combinación extraña de las funciones más comunes (potencias, exponenciales, logaritmos, senos y cosenos, etc.); no necesariamente puedo escribir una función como combinación lineal de otras. Por ejemplo, la función $f(x) = \cos(2^x)$, es una combinación de la función $\cos(x)$ y de 2^x, pero no es lineal. Pero por ahora no te preocupes de los espacios de dimensión infinita que no aparecen en los ejercicios.

Algunos ejemplos de espacios de dimensión finita:

- R^n: o sea, las n-uplas $(x_1, x_2, \ldots, x_n)$: tiene dimensión n. ¿Cómo lo sé? Fácil, la dimensión es el número de elementos de una base (de cualquier base, acordate que todas tienen el mismo número de elementos), y acá te muestro una base:

$$B = \{ (1,0,0, \ldots,0,0) ; (0,1,0,\ldots,0,0) ; \ldots ; (0,0,0, \ldots , 0,1) \}$$

Esta base con los vectores que tienen un 1 en una componente y un 0 en el resto, se llama la base canónica de R^n, y muchas veces se la llama $E(R^n)$. Entonces decimos que el vector (1,0,...,0) es el primer vector canónico.

- Una recta en R^2 o en R^3, o sea todos los vectores que son múltiplos de un solo número, por ejemplo A = <(1,2,3)>. Encontrar la base de este subespacio es muy fácil, es B = {(1,2,3)}. Como la base tiene un solo elemento, dimA = 1.

Esto es en general para cualquiera recta que pase por el cero (acordate que si el conjunto no incluye al cero, no es subespacio), tiene dimensión 1.

- Un plano en R^3: por ejemplo el plano xy, lo podemos generar con dos vectores: xy = <(1,0,0) ; (0,0,1)>. Como son LI y son un S.G., forman una base. Entonces, la dimensión de un plano en R^3 es 2

Cuando vimos las primeras cosas de subespacios, dijimos que las soluciones de un sistema de ecuaciones lineales homogéneas (o sea de la forma $A.x = 0$ donde A es una matriz y x es una n-upla $(x_1, x_2, \ldots, x_n)$) forman un subespacio.

Y después vimos como hacer para encontrar una base de ese subespacio: simplemente resolviendo la ecuación. Ahora vamos a ver como es el proceso inverso, o sea, si tenemos un subespacio y queremos ver qué sistema de ecuaciones resuelve.

Para esto viene bien la idea de qué son los grados de libertad: básicamente es la cantidad de números que tenés que dar para dar toda la información. Por ejemplo, para decir donde está un auto en la ruta 2, solamente me hace falta dar

un número: la distancia a Bs As, por ejemplo, o la distancia a Mar del Plata: hay varias opciones, pero la idea es que con un solo número me alcanza. Y los grados de libertad están relacionados con la dimensión del subespacio.
Si tomamos a la ruta 2 como una recta, es un subespacio de dimensión 1: esto coincide con que un auto en la ruta 2 tiene 1 grado de libertad.

Veámoslo mejor en un ejemplo. Si tenemos el subespacio de R^4

$$S = \langle (1,-1,0,2) ; (3,-2,0,0)\rangle$$

Este subespacio tiene dimensión 2, porque los dos vectores que lo generan son LI, así que forman una base de dos elementos. Y es un subconjunto de R^4, así que tenemos un subespacio de dimensión 2 adentro de otro de dimensión 4.

Un vector cualquiera de R^4, o sea (x_1,x_2,x_3,x_4) tiene cuatro grados de libertad, porque necesito cuatro números: x_1, x_2, x_3 y x_4 para decir exactamente cuál es. Pero en S hay solamente dos grados de libertad, quiere decir que de alguna forma desaparecieron otros dos grados de libertad.

Esto es porque en S están las soluciones de un sistema de 2 ecuaciones. Por eso es que la dimensión de S es dimS = 4 – 2 = 2.

El problema ahora es cómo encontrar cuáles son esas dos ecuaciones. Algunas veces salen a ojo, como en este caso vemos que cualquier vector de S tiene un cero en la tercera componente. Entonces, una de las ecuaciones es $x_3 = 0$.
Pero y la otra? A simple vista no se ve. Veamos qué pinta tienen los vectores de S. Como son CL de esos dos vectores, tienen esta forma:

$$(x_1,x_2,x_3,x_4) = a\ .\ (1,-1,0,2) + b\ .(3,-2,0,0) = (a+3b\ ,\ -a-2b\ ,\ 0\ ,\ 2a)$$

La idea es encontrar alguna relación lineal entre las componentes (son contar x3, que ya sabemos que vale 0), que sea igual a cero sin depender de a ni de b.
Para que no dependa de b, podemos sumar $2.x_1+3.x_2 = -a$, por ejemplo
Para que tampoco nos dependa de a, a eso le podemos sumar $\frac{1}{2}\ .\ x_4$

$$2.x_1 + 3.x_2 + \tfrac{1}{2}\ .\ x_4 = 0 \quad ; \quad x_3 = 0$$

Y listo, ese es el sistema de dos ecuaciones que resuelven los elementos de S. Ya sé no es nada fácil, y hay que sacarlo más o menos a ojo, pero ya te vas a ir acostumbrando a medida que hagas ejercicios. No hay un método muy estricto para seguir, solamente fijarte qué pinta tienen los vectores de S, y buscar una relación lineal entre las componentes que sea igual a cero sin depender de los coeficientes a y b. Veamos un ejemplo más así queda bien claro:

- Escribir el subespacio S = <(2,-1,3) ; (0,2,-5) ; (2,1,-2)> como solución de un sistema de ecuaciones lineales.

Siempre, antes que nada hay que fijarse qué dimensión tiene el subespacio. A simple vista parece de dimensión 3, porque está generado por tres vectores. Pero OJO: acordate qué es la dimensión: es la cantidad de elementos de una base. Entonces, lo primero que hay que hacer es encontrar una base del subespacio.

A = {(2,-1,3) ; (0,2,-5) ; (2,1,-2)} no es una base, porque no es LI: fijate que el último vector es la suma de los dos primeros. Entonces, lo podemos descartar y quedarnos con la base B = {(2,-1,3) ; (0,2,-5)} que sí es LI

Pero, está bien eso que hicimos? Esos dos vectores generan el mismo subespacio S que los tres juntos? Sí, porque como el que sacamos era CL de esos dos, no hay drama, como que sobra en el sistema de generadores.

Entonces, dimS = 2. Como es un subespacio de R^3, quiere decir que es la solución de 3 - 2 = 1 ecuaciones lineales. Para darnos cuenta cuál es, veamos qué pinta tienen los vectores de S.

$$(x_1,x_2,x_3) = a\,.\,(2,-1,3) + b.(0,2,-5) = (2a\ ,\ 2b - a\ ,\ 3a - 5b)$$

Acordate que hay que plantear una relación lineal entre las tres componentes que no dependa de a ni de b. Para sacarnos de encima la dependencia de b, podemos hacer $5x_2 + 2x_3 = a$

Ahora, para que tampoco nos dependa de a, podemos restarle a ese resultado $\frac{1}{2}.\ x_1$. Entonces, nos queda esta ecuación:

$$5x_2 + 2x_3 - \tfrac{1}{2}\,.\,x_1 = 0.$$

Y listo, esa es la ecuación que cumplen todos los elementos de S. Entonces, podemos escribir al subespacio como S = {$X \in R^3$ tal que $5x_2 + 2x_3 - \frac{1}{2}\,x_1 = 0$

Coordenadas de un vector en una base

Seguramente alguna vez escuchaste hablar de las coordenadas (x,y). Qué significa que las coordenadas de un vector v sean (x,y) = (3,1)

Quiere decir que ese punto está ubicado 3 (metros o alguna unidad por el estilo) en la dirección del eje x, y 1 en la dirección del eje y. Mirá el gráfico:

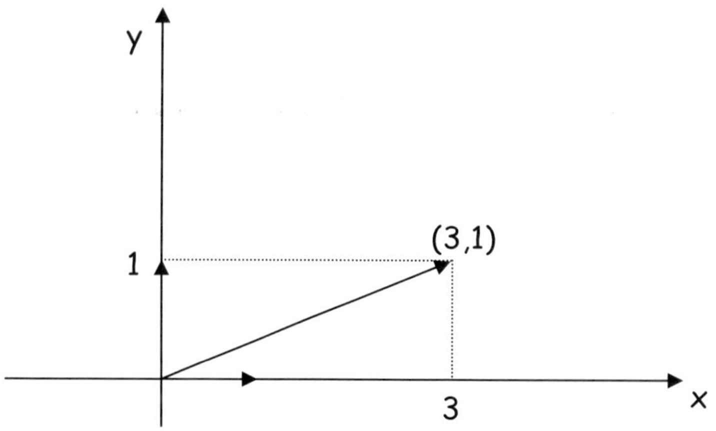

Cuando decimos "3 en la dirección del eje x" estamos diciendo que es tres veces el vector (1,0); y cuando decimos "1 en la dirección del eje y" estamos diciendo que es una vez el vector (0,1).
Entonces, lo que nos están diciendo con las coordenadas xy es que

$$v = 3 \cdot (1,0) + 1 \cdot (0,1)$$

O sea, las coordenadas del vector v son esos coeficientes (3,1) en una CL de dos vectores que da como resultado v. Esa es la idea básica de las coordenadas: son los coeficientes en una CL que da como resultado el vector. No tiene más secreto que eso. Ahora veamos la definición formal.

Coordenadas. Definición formal
Sea V un espacio vectorial de dimensión n, y $B = \{\alpha_1, \alpha_2, \ldots, \alpha_n\}$ una base ordenada de B. Si v es un elemento de V tal que

$$v = k_1 \cdot \alpha_1 + k_2 \cdot \alpha_2 + \ldots + k_n \cdot \alpha_n$$

entonces decimos que $(k_1, k_2, \ldots, k_n)$ R^n es el vector de coordenadas de v en la base ordenada B, y se escribe como $[v]_B = (k_1, k_2, \ldots, k_n)$.

Una propiedad importante: las coordenadas de un elemento v en una base son **únicas**, o sea, no existen dos vectores distintos que sean coordenadas de un mismo elemento del EV.

Acá hay que aclarar algo muy importante: ¿ Qué es una base ordenada?
Rta: Quiere decir que importa el orden qué tienen los vectores $\alpha_1, \alpha_2, \ldots, \alpha_n$ de la base. O sea, que las dos bases de R^2: $B_1 = \{(1,1) ; (2,3)\}$ y $B_2 = \{(2,3) ; (1,1)\}$, tienen los mismos elementos pero no son iguales como bases ordenadas de R2.

Entonces, en el ejemplo anterior, las coordenadas del vector (2,3) en la base canónica E = {(1,0) ; (0,1)} son $[(2,3)]_E$ = (2,3). Las coordenadas de un vector de R^n en la base canónica, son iguales al vector.

Las bases canónicas también existen para otro tipo de espacios vectoriales. Por ejemplo, para espacios de matrices, la base canónica es la que tiene las matrices con un 1 en una posición y el resto ceros. Para matrices de 2x2:

$$E_{2x2} = \{ \begin{pmatrix} 1 & 0 \\ 0 & 0 \end{pmatrix} , \begin{pmatrix} 0 & 1 \\ 0 & 0 \end{pmatrix} , \begin{pmatrix} 0 & 0 \\ 1 & 0 \end{pmatrix} , \begin{pmatrix} 0 & 0 \\ 0 & 1 \end{pmatrix} \}$$

Las bases canónicas sirven mucho porque es muy fácil encontrar las coordenadas de un vector. Por ejemplo, en R^{2x2}:

$$[\begin{pmatrix} 2 & 3 \\ 0 & 1 \end{pmatrix}]_{E2x2} = (2,3,0,1)$$

También hay bases canónicas en los espacios de polinomios. Los polinomios son funciones donde solamente aparecen potencias enteras de x, por ejemplo $p(x) = 3x^4 - 8x^3 + x^2 + 2x - 5$. Como la potencia de x más grande que aparece es x^4, decimos que f(x) es un polinomio de cuarto grado. No te preocupes ahora mucho por eso, lo vamos a ver mejor más adelante. Y los polinomios forman una estructura de espacio vectorial. Por ejemplo, el espacio de polinomios de cuarto grado se llama R4[x], y la base canónica es:

$$E_{R4[x]} = \{1 , x , x^2 , x^3 , x^4\}$$

Fijate que esa base tiene cinco elemento. Así que los polinomios de cuarto grado forman un EV de dimensión 5. En general, los polinomios de grado n forman un EV de dimensión n + 1. Fijate que acá también es muy fácil encontrar las coordenadas. Por ejemplo, para ese polinomio $p(x) = 3x^4 - 8x^3 + x^2 + 2x - 5$

$$[p(x)]_{ER4[x]} = (-5 , 2 , 1, -8 , 3)$$

Bueno, ahora veamos algunos ejemplos de encontrar coordenadas en alguna base que no sea la canónica (esa es demasiado fácil, se puede hacer a ojo).

- Encontrar las coordenadas del vector v = (2,5,0) en la base de R^3 B = {(1,4,-2) ; (3,0,1) ; (4,1,-4)}.

Un consejo: siempre antes de empezar con el ejercicio verifica que el conjunto B sea una base de R^3: con el método de la matriz se hace en dos segundos.

En este caso está bien, B es una base de R^3. Pero, y si no era? Y,...., si no era una base, estaba mal el ejercicio. Bueno, eso no es tan raro, a veces los enunciados están mal, o es un ejercicio con engaño. Ahora sí, seguimos con el ejercicio.

La definición de coordenadas nos dice que para encontrarlas, tenemos que plantear una CL de los vectores de la base, igualada a v.

$$v = (2,5,1/3) = k_1 \,.\, (1,4,-2) + k_2 \,.\, (3,0,1) + k_3 \,.\, (0,1,0)$$

$1 = k_1 + 3\, k_2 \quad \Rightarrow \; k_2 = 1/3 - 1/3 \,.\, k_1$

$5 = 4\, k_1 + k_3 \quad \Rightarrow k_3 = 5 - 4k_1$

$1/3 = k_2 - 2k_1 = 1/3 - 1/3\; k_1 - 2k_1 \quad \Rightarrow k_1 = 0 \;\Rightarrow k_2 = 1/3 \quad \Rightarrow k_3 = 5$

Una vez que resolvimos el sistema de ecuaciones nos queda:

$$[v]_B = (k_1,k_2,k_3) = (0,1/3,5)$$

Nos quedó $k_1 = 0$. Eso quiere decir que el primer vector de la base B no aparece en la CL. O sea, que podemos escribir a v como CL solamente de los otros dos vectores $\Rightarrow v = 1/3 \,.\, (3,0,1) + 5 \,.\, (0,1,0)$

Y si v es CL de esos dos vectores, pertenece al subespacio que generan esos dos vectores S = <(3,0,1) ; (0,1,0)>

Este subespacio es " más chico " que R^3, tiene dimensión 2. Entonces, las coordenadas del vector v en la base B'= {(3,0,1) ; (0,1,0)} están dadas por un vector de R^2: $[v]_{B'} = (1/3\ , 5)$

Cómo es esto, puede ser que las coordenadas de un vector de R^3 sean un vector de R^2? Y sí, puede ser; porque las coordenadas dependen de la base de la que estamos hablando. Como B' es la base de S, y dimS = 2, $[v]_{B'}$ es un vector de R^2; y como B es la base de R^3 y dim R^3 = 3, $[v]_B$ es un vector de R^3.

Y en la base B'' = {(0,1,0) ; (3,0,1)}? Esta base no es igual que la anterior, porque los vectores tienen distinto orden. Pero no hace falta calcular de vuelta los coeficientes de la CL, ya sabemos que v = 1/3 . (3,0,1) + 5 . (0,1,0); o sea 5 veces el primer vector de B'' y 1/3 por el segundo vector. Entonces:

$$[v]_{B''} = (5\ , 1/3)$$

Fijate que es igual que [v]B', nada más que cambiado de orden. Y claro, si lo único que hicimos fue dar vuelta un par de vectores.

MUCHO CUIDADO con este tipo de cosas. Acordate que si te dicen que las coordenadas de un vector en una base son (1,2); esto quiere decir que ese vector es igual a una vez el primer elemento de la base más dos veces el segundo elemento. Entonces, hay que tener bien claro cuál es el primero y cuál es el segundo. Si no, sale todo mal.

Todo muy lindo con este tema de las coordenadas, ya vimos cómo se calculan, y que dependen de la base. Pero, de qué sirven? Las coordenadas sirven mucho cuando estamos trabajando con EV que no son los más comunes; porque los vectores pueden ser cualquier cosa (como polinomios, matrices); y las coordenadas son siempre vectores de R^n, y entonces son más fáciles de usar.

Pero, se puede hacer eso así nomás ? En vez de manejarme con los vectores me puedo manejar con las coordenadas ? Sí, se puede, porque <u>las coordenadas conservan las propiedades de linealidad</u>.

Eso quiere decir que , si un conjunto es LI (o LD), las coordenadas de los vectores, en cualquier base, también será LI (o LD). Y también vale al revés. Veamos un ejemplo:

- Si $B = \{v_1, v_2, v_3\}$ es una base un espacio vectorial V, decidir para qué valores de k el conjunto $A = \{w_1,w_2,w_3\}$ con $w_1 = v_1 - 2v_2$; $w_2 = v_2 + (k+1)\, v_3$; $w_3 = (k-1)\, v_1 - v_3$ es LI.

Esto es mucho más fácil de hacer si en vez de trabajar con los vectores w_1,w_2,w_3 nos manejamos con sus coordenadas en la base B.

$$[w_1]_B = (1,-2,0) \quad ; \quad [w_2]_B = (0,1,k+1) \quad ; \quad [w_3]_B = (k-1\ ,\ 0\ ,\ -1)$$

Ahora es más fácil, tenemos que fijarnos si los tres vectores de coordenadas (todos vectores de R^3) son LI. Eso lo podemos hacer así:

$$\begin{pmatrix} 1 & -2 & 0 \\ 0 & 1 & k+1 \\ k-1 & 0 & -1 \end{pmatrix} \Rightarrow f_3 - (k-1) * f_1 \Rightarrow \begin{pmatrix} 1 & -2 & 0 \\ 0 & 1 & k+1 \\ 0 & 1-k & -1 \end{pmatrix} \Rightarrow f_3 + (k-1) \ * f_2 \Rightarrow \begin{pmatrix} 1 & -2 & 0 \\ 0 & 1 & k+1 \\ 0 & 0 & k^2 \end{pmatrix}$$

Para que el conjunto sea LI, no se tiene que anular la última fila, o sea tiene que ser $k^2 \neq 0 \ \Rightarrow k \neq 0$. Si k = 0, el conjunto A es LD.

Fijate que en este ejercicio nunca nos enteramos de qué pinta era el espacio vectorial V. O sea, no sabemos si v_1, v_2, ... son vectores, matrices o cualquier cosa; pero pudimos resolver el ejercicio igual usando coordenadas.

Igual, seguro que todavía no te convencen mucho las coordenadas. La verdad, que no parece que sirvan de mucho, pero se usan mucho para transformaciones lineales. Siempre los ejercicios de T.L. salen más fácil tomando coordenadas.

Coordenadas en distintas bases. Matriz de cambio de base (Ojo)

- Si tengo las coordenadas de un vector v en una base B_1... ¿ puedo encontrar las coordenadas en otra base B_2?
- Y, ..., sí, como poderse se puede, pero son muchas cuentas.

Lo primero que se me ocurre es esto: si conozco $[v]_{B1}$, puedo calcular cuánto vale el vector v; porque es la CL de los elementos de la base B_1, y los coeficientes son las coordenadas. Y una vez que sé cuanto vale el vector v, calculo las coordenadas en la base B_2.

- Pero eso es muy largo, no hay una forma más fácil? Alguna formulita rápida tal que agarro $[v]_{B1}$, lo meto en la fórmula, hago la cuenta y obtengo $[v]_{B2}$.
- Sí, se puede. Prestá atención, que te muestro como se arma esa formulita.

Veamos. Antes que nada, tenemos un espacio vectorial V.
También tenemos dos bases de ese EV: $B_1 = \{v_1, v_2, ..., v_n\}$ y $B_2 = \{w_1, w_2, ..., w_n\}$
Como esas dos son bases, generan todo el espacio V. Eso quiere decir que a cualquier vector $v \in V$ lo puedo escribir como CL de los elementos de B_1, y también como CL de los elementos de B_2, o sea:

$$v = a_1 . v_1 + a_2 . v_2 + ... + a_n . v_n = b_1 . w_1 + b_2 . w_2 + ... + b_n . w_n$$

donde $(a_1, a_2, ..., a_n) = [v]_{B1}$ y $(b_1, b_2, ..., b_n) = [v]_{B2}$

Como $w_1, ..., w_n$ son elementos de V (para ser base, antes que nada tienen que estar en el EV), también los puedo escribir como CL de los elementos de B_1:

$$w_1 = c_{11} . v_1 + c_{21} . v_2 + ... + c_{n1} . v_n \Rightarrow (c_{11}, c_{21}, ..., c_{n1}) = [w_1]_{B1}$$

$$w_2 = c_{12} . v_1 + c_{22} . v_2 + ... + c_{n2} . v_n \Rightarrow (c_{12}, c_{22}, ..., c_{n2}) = [w_2]_{B1}$$

$$w_n = c_{1n} . v_1 + c_{2n} . v_2 + ... + c_{nn} . v_n \Rightarrow (c_{1n}, c_{2n}, ..., c_{nn}) = [w_n]_{B1}$$

Si reemplazamos todo eso en la igualdad de más arriba, llegamos a que:

$$a_1 . v_1 + ... + a_n . v_n = b_1 . (c_{11} . v_1 + ... + c_{n1} . v_n) + ... + b_n . (c_{1n} . v_1 + ... + c_{nn} . v_n)$$

$$a_1 . v_1 + ... + a_n . v_n = (c_{11} . b_1 + ... + c_{1n} . b_n) . v_1 + ... + (c_{n1} . b_1 + ... + c_{nn} . b_n) . v_n$$

Como los vectores $v_1, v_2, \ldots, v_n$ son LI (porque son una base), para que se cumpla la igualdad, v_1 tiene que tener el mismo coeficiente en ambos miembros, y lo mismo para $v_2, \ldots, v_n$. Entonces, tenemos n igualdades:

$$a_1 = c_{11} \cdot b_1 + \ldots + c_{1n} \cdot b_n$$

...

$$a_n = c_{n1} \cdot b_1 + \ldots + c_{nn} \cdot b_n$$

Esto que parece tan complicado, y con muchos coeficientes y muchos subíndices, lo podemos resumir en una sola igualdad:

$$[v]_{B1} = C_{B2B1} * [v]_{B2}$$

donde C_{B2B1} es la llamada <u>matriz de cambio de base de B_2 a B_1</u>, y se forma poniendo como columnas, a las coordenadas de los elementos de la base B_2, respecto de la base B_1, o sea:

$$C_{B2B1} = ([w_1]_{B1} \quad [w_2]_{B1} \quad \ldots \quad [w_n]_{B1})$$

- ¿ Se entendió o te perdiste un poco en los cálculos ? Quizás las cuentas te parezcan rebuscadas porque aparecen muchos subíndices, pero no hay mucho secreto. Todo lo que hice fue escribir los elementos de una base (B_2) como CL de los elementos de la otra (B_1). Y así llegué a n igualdades, que se pueden resumir en esa formulita.
- Y esa fórmula vale siempre?
- Sí. Te mostré toda la deducción para que veas que no hay ninguna cuenta extraña, esas cuentas se pueden hacer siempre para cualquier base B_1 y B_2.

Mejor veamos algún ejemplo así queda bien claro.

- Si tenemos dos bases de R^2: $B_1 = \{(1,1) ; (0,1)\}$ y $B_2 = \{(2,3) ; (-2,0)\}$. Hallar la matriz de cambio de base de B_1 a B_2.

Andá un par de párrafos más arriba y fijate como se arma esa matriz: tenemos que poner como columnas las coordenadas de los elementos de la base de llegada (o sea B_2) respecto de la base de salida (o sea B_1). Bueno, hagamos las cuentas nomás: las CL lineales nos queda:

$(2,3) = c_{11} \cdot (1,1) + c_{21} \cdot (0,1)$ >>>> $c_{11} = 2$, $c_{21} = 1$ >>>>> $[(2,3)]_{B1} = (2,1)$

$(-2,0) = c_{12} \cdot (1,1) + c_{22} \cdot (0,1)$ >>>> $c_{12} = -2$, $c_{22} = 2$ >>> $[(-2,0)]_{B1} = (-2,2)$

$$\Rightarrow C_{B1B2} = \begin{pmatrix} 2 & -2 \\ 1 & 2 \end{pmatrix}$$

Ahora que ya encontramos la matriz, aprovechemos y veamos un ejemplo de cómo se hace el cambio de base. Tengo un vector v, que no sé cuanto vale pero sé que sus coordenadas en la base B_1 son $[v]_{B1} = (1,0)$.
Entonces, sus coordenadas en la base B_2 son:

$$[v]_{B2} = C_{B1B2} * [v]_{B1} = (2,-2,1,2) * (1,0) \quad \Rightarrow \quad [v]_{B2} = (2, 1)$$

Como ves, la parte difícil es encontrar la matriz de cambio de base. Pero una vez que tenés la matriz hacer el cambio de coordenadas es muy fácil, todo lo que hay que hacer es multiplicar una matriz por un vector.

Propiedades de la matriz de cambio de base

1) $C_{B1B3} = C_{B2B3} * C_{B1B2}$

Si quiero pasar de las coordenadas en la base B_1 a las coordenadas en la base B_3, lo puedo hacer pasando primero por la base B_2. Para eso, primero multiplico por C_{B1B2}, y después, para pasar de B_2 a B_3, multiplico por C_{B2B3}. Por eso es que C_{B1B3} no es más que el producto de las dos matrices.

2) $C_{B2B1} = (C_{B1B2})$-1.

Esto es un corolario del punto anterior: $C_{B1B1} = C_{B2B1} * C_{B1B2}$.
Pero C_{B1B1} es la matriz identidad, porque son las coordenadas de los vectores de B1, en la base B1. Entonces, tenemos unos sobre la diagonal, y ceros en el resto. Eso no es otra cosa que la matriz identidad. Y si el producto de dos matrices da como resultado la identidad, quiere decir que una es la inversa de la otra.

OPERACIONES ENTRE SUBESPACIOS

Ya vimos muchas cosas de los subespacios: qué son, los sistemas de generadores, las bases, coordenadas. Pero todavía no sabemos qué hacer con ellos. ¿Qué operaciones se pueden hacer entre dos subespacios? ¿ Se pueden sumar ? ¿ Se pueden restar ?
Y ...., no sé. En principio, como los subespacios son subconjuntos de un EV más grande. Así que las operaciones que se me ocurren que pueden funcionar son las típicas entre conjuntos: unión e intersección. Veamos:

Intersección de subespacios
Se define igual que la intersección de conjuntos que ya conocemos. Si tenemos dos subespacios S y T incluidos en un EV más grande V, la intersección es:

$$S \cap T = \{X \in V \text{ tal que } X \in S \text{ y } X \in T\}$$

O sea, en la intersección están los elementos que están repetidos en los dos conjuntos. La intersección de dos subespacios da como resultado otro subespacio, y la demostración es muy sencilla. Te acordás como se demuestra que un conjunto es SEV ? Hay que demostrar que cumple tres propiedades:

1) Incluye al vector cero. Esto se cumple, porque $0 \in S$ (porque S es subespacio) y $0 \in T$ (porque T también es subespacio). Así que, como el cero está en los dos conjuntos, $0 \in S \cap T$.

2) La suma es cerrada, o sea que si α y β son dos vectores de $S \cap T$, la suma $\alpha + \beta$ también es un elemento de $S \cap T$. Como α y β son elementos de S (si están en $S \cap T$, quiere decir que están en S y también en T), la suma es un elemento de S, porque, como S es un subespacio, la suma cerrada. Lo mismo con T: la suma $\alpha + \beta$ es un elemento de T. Entonces, la suma $\alpha + \beta$ está en los dos subespacios: $\alpha + \beta \in S \cap T$.

3) El producto por un escalar es cerrado. O sea, que si α es un vector de $S \cap T$ y k es un escalar, el producto $k \cdot \alpha$ también es un vector de $S \cap T$. La demostración es igual a la del puntos anterior, como el producto es cerrado en S y en T (porque son SEV), $k \cdot \alpha \in S$ y $k \cdot \alpha \in T$. Entonces, como pertenece a ambos subespacios, también está en la intersección.

Ya demostramos que S I T es un subespacio, pero cómo lo calculamos? Muy fácil, es el conjunto de todos los vectores que están en S y en T al mismo tiempo.

Mejor veamos un ejemplo:

- $S = \langle(1,0,1,1) ; (0,0,2,3)\rangle$ $T = \{X \in R^4$ tal que $x_1 + 2x_2 - x_3 = 0\}$
  Encontrar $S \cap T = \{ X \in R^4$ tal que $X \in S$ y $X \in T \}$.

Como quiero que $X \in S$, tiene que ser una CL de los dos generadores, o sea:

$$X = a \,.\, (1,0,1,1) + b \,.\, (0,0,2,3) \Rightarrow X = (a , 0 , a + 2b , 3b)$$

Además, quiero que esté en T, o sea que $x_1 + 2x_2 - x_3 = 0$. Pero recién vimos cuánto valen cada componente, así que la ecuación nos queda:

$$a - (a + 2b) = 0 \Rightarrow b = 0$$

Esto quiere decir que para que X pertenezca a ambos subespacios, el coeficiente que acompaña al (0,0,2,3) en la combinación lineal tiene que ser 0. O sea, X sólo puede ser CL del (1,0,1,1). Entonces, la intersección nos queda:

$$S \cap T = \langle(1,0,1,1)\rangle$$

- $S = \langle(1,1,1) ; (0,2,-3)\rangle$; $T = \langle(0,0,1) ; (2,-1,2)\rangle$. Calcular $S \cap T$.

$X \in S \Rightarrow X = a \,.\, (1,1,1) + b \,.\, (0,2,-3) = (a , a + 2b , a - 3b)$

$X \in T \Rightarrow X = c \,.\, (0,0,1) + d \,.\, (2,-1,2) = (2d , -d , c + 2d)$

Como X tiene que pertenecer a ambos SEV, esas dos combinaciones lineales tienen que ser iguales. Así, podemos encontrar una relación entre a,b,c y d:

$$(a , a + 2b , a - 3b) = (2d , -d , c + 2d)$$

Acordate que para que dos vectores sean iguales, tienen que ser iguales componente a componente. Entonces, tenemos tres igualdades:

$$a = 2\,d$$

$$a + 2b = -d \Rightarrow 2d + 2b = -d \Rightarrow b = -3/2 \,.\, d$$

$$a - 3b = c + 2d \Rightarrow 2d - 3 \,.\, (-3/2 \,.\, d) = c + 2d \Rightarrow c = 9/2\, d$$

Tenemos todos los coeficientes en función de unos solo (d). Si lo reemplazamos en la segunda CL nos queda:

$$X = (2d, -d , c + 2d) = (2d , -d , 9/2 \,.\, d + 2d) \Rightarrow X = d \,.\, (2 , -1 , 13/2)$$

Cualquier vector X e $S \cap T$ es un múltiplo del (2 , -1 , 13/2). Entonces:

$$S \cap T = \langle(2\ ,-1\ ,13/2)\rangle$$

- $S = \{X \in R^4$ tal que $x_1 + 2x_3 - x_4 = x_2 + x_3 = 0\}$
  $T = \{X \in R^4$ tal que $x_4 - x_1 = 0\}$

La intersección de ambos subespacios incluye a los X que cumplan con las tres ecuaciones al mismo tiempo. Las resolvemos:

$x_4 - x_1 = 0 \Rightarrow x_4 = x_1$

$x_1 + 2x_3 - x_4 = 0 \Rightarrow 2x_3 = 0 \Rightarrow x_3 = 0$

$x_2 + x_3 = 0 \Rightarrow x_2 = 0$

Ya sabemos cuánto vale cada componente. Si juntamos todo, los vectores X nos quedan: $X = (x_1,x_2,x_3,x_4) = (x_1, 0, 0, x_1) = x_1 . (1,0,0,1)$

$$S \cap T = \langle(1,0,0,1)\rangle$$

Estos tres ejemplos que vimos recién, son los tres casos típicos de un ejercicio de intersección de subespacios. Claro, porque el subespacio te lo pueden dar a partir de un sistema de generadores, o a partir de las ecuaciones que resuelve. Entonces, si entendiste estos tres ejemplos, entendiste todo el tema de intersección de subespacios, no tiene más secreto,

Unión de subespacios

La otra operación típica entre conjuntos es la unión. Si tenemos dos conjuntos A y B, en la unión $A \cup B$ están todos los elementos que estén en, al menos uno de los dos conjuntos. O sea, se define formalmente así:

$$A \cup B = \{X \text{ tal que } X \in A \text{ ó } X \in B\}$$

Pero hay un problema, la unión de dos subespacios, no siempre da como resultado un subespacio; solamente si uno está incluido adentro del otro (en ese caso, el resultado de la unión es el subespacio más grande). Fallan las propiedades de que la suma y el producto sean cerrados.

Entonces, como el resultado de la unión no es un subespacio, esta operación no se usa nunca. Pero existe otra operación, que es muy parecida a la unión, y es la suma de subespacios, que sí da como resultado otro SEV.

Suma de subespacios

Se define como la suma de dos subespacios S y T (incluidos en un EV más grande V) al conjunto S + T que incluye todos los vectores que pueden ser escritos como suma de un vector s ϵ S y otro t ϵ T. O sea:

$$S + T = \{X \in V \text{ tal que } X = s + t \text{ con } s \in S \text{ y } t \in T\}$$

Directamente de la definición podemos sacar un método muy fácil para calcular S + T. Si S = $<v_1, v_2, ..., v_k>$ y T = $<w_1, w_2, ..., w_r>$, a cada uno de los vectores s ϵ S y t ϵ T, los puedo escribir como CL de los vectores generadores. Entonces, un vector cualquiera X ϵ (S + T) lo puedo escribir como

$$X = s + t = a_1 . v_1 + ... + a_k . v_k + a_{k+1} . w_1 + ... + a_{k+r} . w_k$$

Escribimos al vector X como una CL de los vectores $v_1, ..., v_k, w_1, ..., w_k$. Entonces, el sistema de generadores de S + T es igual a la unión de los S.G. de S y de T. Por eso es que esta operación es muy parecida a la unión de conjuntos: en vez de unir los SEV, unimos los sistemas de generadores.

Todo muy lindo, pero... ¿ S + T es un subespacio? Sí. Para demostrarlo, hay que fijarse que cumple las tres propiedades. Fijate que podemos escribir cualquier vector de S + T como combinación lineal de un sistema de generadores. Y la suma de dos CL es otra CL, lo mismo con el producto por un escalar. Entonces, estas dos operaciones son cerradas. Además, incluye al vector cero, porque podemos hacer una combinación lineal con todos los coeficientes iguales a cero. Entonces, cumple las tres condiciones, y S + T es un subespacio de V.

Veamos un par de ejemplos:

- Calcular S + T con S = <(1,1,1,1)> y T = $\{X \in R^4$ tal que $\{2x_1 - 5x_4 = x_3 + x_2 = 0\}$, y encontrar una base.

Sería más fácil si tuviéramos los generadores de T, pero nos lo dan como un sistema de ecuaciones. Entonces, tenemos que resolverlas y encontrar los generadores, no queda otra opción:

$$2x_1 - 5x_4 = 0 \Rightarrow x_4 = 2/5 . x_1$$

$$x_3 + x_2 = 0 \Rightarrow x_3 = -x_2$$

$$X = (x_1, x_2, x_3, x_4) = (x_1, x_2, -x_2, 2/5\, x_1) = x_1 . (1,0,0,2/5) + x_2 . (0,1,-1,0)$$

$$T = < (1,0,0,2/5) ; (0,1,-1,0) >$$

Ahora que tenemos los generadores de los dos subespacios, para la suma S + T unimos los dos conjuntos de generadores y nos queda:

S + T = <(1,1,1,1) ; (1,0,0,2/5) ; (0,1,-1,0)>

También nos piden encontrar una base. Ya tenemos un S.G., si es LI ya está. Verificalo, son LI. Entonces

B = {(1,1,1,1) ; (1,0,0,2/5) ; (0,1,-,1,0)} es una base de S + T

- OJO: en este ejercicio, dim S = 1, dim T = 2 y la dimensión de la suma da igual a la suma de las dimensiones, o sea dimS+T = 3. Pero eso no es siempre así. En este caso sí, pero en otros casos puede ser que no.
- Y de qué depende eso?
- Depende de como sea la intersección entre S y T.
- Como es eso ?
- Hay un teorema que relaciona las dimensiones de todos esos SEV:

Dim S + dim T = dim S+T + dim S∩T

La demostración es bastante engorrosa, así que no te la muestro, pero te cuento como es la idea. Si dimS ∩ T = k $\neq$ 0, la unión de los dos sistemas de generadores no es LI, sino que hay k vectores que se pueden escribir como CL de los otros. Entonces, de ahí sale la igualdad.

Veamos algún ejemplo para ver que se cumple esa igualdad.

- S = <(1,1,3) ; (0,1,0)> ; T = <(1,0,1) ; (1,2,3)>

Antes de calcular la suma y la intersección, veamos qué dimensión tienen S y T. Como los dos sistemas de generadores son LI (verificalo), dimS = 2 y dimT = 2.

Ahora sí, calculemos la intersección. :

X ε S >>>>> X = a . (1 , 1, 3) + b . (0,1,0) = (a, a + b ,3a)
X ε T >>>>> X = c . (1,0,1) + d . (1,2,3) = (c + d , 2d , c + 3d)

Como X tiene que estar en ambos subespacios al mismo tiempo:

(a , a + b , 3a) = (c + d , 2d , c + 3d)

Esta igualdad la podemos reemplazar por tres igualdades:

a = c + d

$$a + b = 2\,d$$

$$3a = c + 3d \;\Rightarrow 3\,.\,(c + d) = c + 3d \;\Rightarrow 3c = c \;\Rightarrow\; c = 0$$

Si reemplazamos este resultado en la CL que nos da X, nos queda:

$X = c\,.\,(1,0,1) + d\,.\,(1,2,3) \;\Rightarrow\; X = d\,.\,(1,2,3)$

$$S \cap T = \langle(1,2,3)\rangle \;\Rightarrow \dim S \cap T = 1$$

Bueno, ya tenemos la intersección, ahora calculemos la suma.

$$S + T = \langle(1,1,3)\,;\,(0,1,0)\,;\,(1,0,1)\,;\,(1,2,3)\rangle$$

Eso fue fácil. Ya sabemos cuál es la suma. Ahora, para saber cual es su dimensión, tenemos que encontrar una base. Obviamente ese conjunto de generadores no es una base de S + T porque no es LI (en R^3 no puede haber más de tres vectores LI). Es más, fijate que el último vector es igual a la suma del primero y el segundo. Entonces, lo descartamos y nos queda:

$$B = \{(1,1,3)\,;\,(0,1,0)\,;\,(1,0,1)\}$$

Este conjunto sí es LI (verificalo), y genera S + T. O sea, B es una base de S + T. Como tiene tres elementos, dim(S+T) = 3. Fijate que se cumple la igualdad:

$$\text{Dim } S + \dim T = \dim (S+T) + \dim (S \cap T) \quad \text{>>>>>} \quad 2 + 2 = 3 + 1$$

Esta formulita sirve mucho. Por ejemplo, en este ejercicio, podíamos calcular

$$\text{Dim } (S+T) = \dim S + \dim T - \dim S \cap T = 2 + 2 - 1 = 3$$

Y el único SEV de dimensión 3 incluido en R^3 es todo el espacio R^3, y es el mismo resultado al que llegamos (fijate que la base B genera todo R^3).

<u>Suma directa</u>

Antes que nada, te aviso que la suma y la intersección son las dos únicas operaciones entre subespacios que siempre dan como resultado un SEV (antes vimos que la unión no funcionaba). Así que la suma directa no es otra operación. La suma de dos subespacios se llama directa cuando la intersección entre ellos es lo más chica posible, o sea solamente el vector 0 (acordate que la intersección siempre es un subespacio, y el SEV más chico es el que solamente incluye al 0). Se usa otro símbolo: cuando la suma entre S y T es directa, la escribimos $S \oplus T$. Así que siempre que te pidan calcular $S \oplus T$, primero tenés que verificar que la suma sea directa (o sea que la intersección sea el 0).

La suma directa tiene algunas propiedades:

1) Como la intersección de ambos subespacios es el vector nulo (o sea un SEV de dimensión 0), la fórmula de las dimensiones que vimos antes nos queda:

$$\dim S \oplus T = \dim S + \dim T$$

2) Cuando definimos la operación suma dijimos que era

$$S + T = \{X \text{ tal que } X = s + t \text{ con } s \in S \text{ y } t \in T\}$$

Bueno, si la suma es directa, esos vectores s y t son únicos. Hay un solo vector $s \in S$ y un $t \in T$ que cumplen esa igualdad para cada $X \in S \oplus T$.

Esto se puede demostrar. Como la intersección de ambos SEV es nula, la unión de los dos sistemas de generadores resulta un conjunto LI, o sea una base de S+OT. Y, como las coordenadas en un base son únicas, hay una sola combinación lineal de esos generadores que da como resultado X.
Como están fijos todos los coeficientes, hay un solo valor posible para $s \in S$, y un solo valor posible para $t \in T$. Es algo así:

$$X = \underbrace{k_1 \,.\, v_1 + ... + k_2 \,.\, v_r}_{s \in S} + \underbrace{k_{r+1} \,.\, w_1 + ... + k_{r+d} \,.\, w_d}_{t \in T}$$

<u>Extensión de bases</u>

Un ejercicio típico es, por ejemplo, si tenemos un subespacio de R^3
$S = \langle (1,1,1) \,;\, (1,1,0) \rangle$, y nos piden que extendamos la base de este subespacio hasta una base de R^3.

- Cómo se hace ?
- Y, ..., bueno. En principio, tenemos que agregar un vector, porque dim S = 2 y R^3 es un espacio de dimensión 3.
- Cualquier vector?
- No, cualquiera no. Tiene que ser uno que no esté en S, porque sino no es LI con los generadores de S. Por ejemplo, podemos agregar el (0,1,0).
- Está bien, ese funciona. Pero como me doy cuenta qué vector hay que agregar?
- Podés agregar cualquier que no esté en S, el primero que se te ocurra. Si no se te ocurre ninguno, una forma segura de hacerlo (pero muy larga) es escribir a S como un sistema de ecuaciones. Entonces, para encontrar un vector que no esté en S, elegís uno que no cumpla esas ecuaciones. En este caso, $S = \{X \in R^3 \text{ tal que } x_1 = x_2\}$. Si elegís un vector tal que la primera y la segunda componente sean distintas, funciona.

Este tipo de ejercicios no tienen un método estricto que hay que seguir. La idea es encontrar a ojo o como sea, un vector que no esté en S.
Otra opción es ir probando con los vectores de la base canónica: fijarse si están o no en S: seguro que todos no están, porque si estuvieran todos, habría 3 vectores LI en S, que es un subespacio de dimensión 2, y eso no puede ser.

Veamos otro ejemplo:

- Extender una base de S = <(-1,2,-1,2) ; (0,1,1,0)> hasta una base de R^4.

Primero tratamos de extenderlo a un subespacio de dimensión 3, agregando un vector que no esté en S. Por ejemplo, podemos agregar el (1,0,0,1): fijate que no está en S porque no se puede escribir como CL de esos dos vectores.
Entonces por ahora tenemos un nuevo subespacio de dimensión 3:

$$T = \langle(-1,2,-1,2) ; (0,1,1,0) ; (1,0,0,1)\rangle$$

Ahora tenemos que agregar un nuevo vector, que no esté en T. Por ejemplo, podemos agregar el primer vector de la base canónica, el (1,0,0,0). Y listo, con esto formamos una base de R^4:

$$B = \{(-1,2,-1,2) ; (0,1,1,0) ; (1,0,0,1) ; (1,0,0,0)\}$$

donde los dos primeros vectores son una base de S.

El otro tipo de problemas típico es escribir una base de un espacio vectorial V que contenga bases de dos espacios vectoriales más chicos S y T. OJO: para que se pueda hacer el ejercicio, se tiene que cumplir que S + T = V.

Bueno, quizás ni siquiera se haya entendido como es el problema.
Mejor veamos un ejemplo.

- Escribir una base de R^3 que contenga bases de los subespacios

$$S = \langle(2,0,1) ; (1,-1,1)\rangle \quad y \quad T = \{X \in R^3 \text{ tal que } x1 = 0\}$$

Antes que nada, escribamos el subespacio T con su sistema de generadores.
Como la única condición es que la primera coordenada sea un cero,

$$X = (x_1,x_2,x_3) = (0,x_2,x_3) = x_2 . (0,1,0) + x_3 . (0,0,1)$$

$$T = \langle(0,1,0) ; (0,0,1)\rangle$$

Veamos. R^3 es un espacio de dimensión 3, y los dos subespacios S y T tienen dimensión 2 (fijate que los generadores son LI). Así que no podemos unir las dos bases, porque nos quedaría un conjunto de cuatro vectores, y eso nunca puede ser LI. Entonces, hay que hacer otra cosa.

La idea para resolver esto es encontrar dos bases de los subespacios, que tengan un vector en común, así la unión tiene tres elementos, no cuatro.
Y cómo se hace para que tengan un vector en común ? Fácil, ese vector tiene que ser el generador de la intersección. Calculemos S I T:

$$X \in S \ggg X = a \cdot (2,0,1) + b \cdot (1,-1,1) \ggg X = (2a + b, -b , a + b)$$

$$X \in T \ggg x1 = 0 \ggg 2a + b = 0 \ggg b = -2a$$

$$X = a \cdot (2,0,1) - 2a \cdot (1,-1,1) = (0 , 2a , -a) = a \cdot (0,2,-1)$$

$$S \cap T = \langle(0,2,-1)\rangle$$

Ahora que tenemos la intersección, podemos armarnos dos bases de S y T que contengan al (0,2,-1). Nos queda algo así:

$B_1 = \{(2,0,1) ; (0,2,-1)\}$ es base de S. Fijate que lo único que hicimos fue remplazar un vector por una CL de todos los elementos de la base, así que este conjunto sigue generando a S, y además es LI >>> es una base de S

$$B_2 = \{(0,2,-1) ; (0,0,1)\} \text{ es base de T}$$

Si ahora unimos las dos nos queda:

$$B = \{(2,0,1) ; (0,2,-1) ; (0,0,1)\} \text{ es base de } R^3$$

Así encontramos una base de R^3 donde los dos primeros vectores son una base de S, y los dos últimos son una base de T.

¿ Qué aprendimos ?
Rta: Que el truco para resolver estos ejercicios es encontrar la intersección, y buscar dos bases que incluyan al generador de $S \cap T$. Después, unimos los dos bases y ya está.

PRODUCTO INTERNO

Este es un tema muy, pero muy grande. Pero nosotros no vamos a ver mucho, solamente una pequeña introducción.
Un producto interno es una operación entre dos elementos de un espacio vectorial V que da como resultado un escalar, y cumple con ciertas propiedades. Pero mejor no nos metamos en cosas muy generales, y vayamos directo al único producto interno que vamos a usar: el usual en R^n.

Si tenemos dos vectores $X = (x_1, x_2, \ldots, x_n)$ e $Y = (y_1, y_2, \ldots, y_n)$ de R^n, se define el producto escalar (o interno) entre ellos como:

$$X \cdot Y = x_1 \cdot y_1 + x_2 \cdot y_2 + \ldots + x_n \cdot y_n$$

Antes de ver qué interpretación geométrica tiene este producto interno, veamos qué es la **norma de un vector**: es algo así como su longitud (si la flecha es más larga, mayor es la norma), y se define como

$$||X|| = \sqrt{X.X} = \sqrt{x_1^2 + x_2^2 + \ldots + x_n^2}$$

Bueno, por ahora vimos un par de definiciones (de producto interno y de norma), pero .... sirve para algo? Sí, acordate que estamos en Rn, y casi todo tiene una interpretación geométrica. Veamos:

- Interpretación de la norma. Es algo así como la longitud del vector. Por ejemplo, en el gráfico

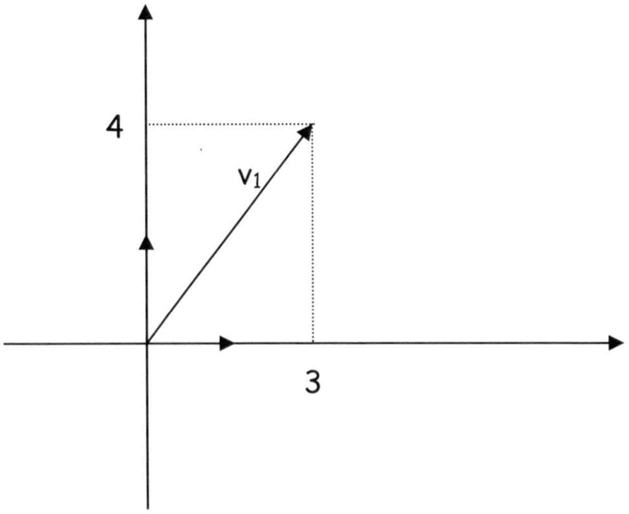

la norma del vector v_1 la podemos calcular como:

$$||v_1|| = \sqrt{3^2 + 4^2}$$

Esto quiere decir que "el vector v_1 mide 5" . ¿ Pero 5 **qué** ? Rta: 5 unidades. Eso depende de cómo estemos midiendo. Si los ejes x e y están en metros, entonces "el vector v_1 mide 5 metros".

Fijate que es exactamente el mismo resultado al que hubiéramos llegado usando el Teorema de Pitágoras. Claro, porque la norma en este producto interno es algo así como la generalización del Teorema de Pitágoras a R^n.

Ahora que sabemos que la norma de un vector es su longitud, podemos usarlo para medir distancias. Por ejemplo, si quiero calcular la distancia entre los puntos P_1= (10,2) y P_2 = (-2,-3), la puedo calcular como la norma del vector que une esos dos puntos. Ese vector es v = (10,2) - (-2,-3) = (12,5)

Y su norma es $||v|| = \sqrt{12^2 + 5^2}$

O sea, que la distancia entre los puntos P_1 y P_2 es 13.

- <u>Interpretación del producto interno como ángulo entre vectores</u>

Hay una fórmula que relaciona el producto escalar entre dos vectores con sus normas y el ángulo a que forman. Es así:

$$X \,.\, Y = ||X|| \,.\, ||Y|| \,.\, \cos\alpha$$

En el gráfico anterior, podemos calcular el ángulo que forman los vectores v_1 y v_2 con esa fórmula. Nos queda así:

$$\cos\alpha = v_1 \,.\, v_2 \,/\, (||v_1|| \,.\, ||v_2||) = (3,4) \,.\, (0,1) \,/\, (||(3,4)|| \,.\, ||(0,1)||)$$

$$\Rightarrow \cos\alpha = 4/5 \quad \Rightarrow \alpha = 37°$$

Fijate que este es el mismo resultado al que hubiéramos llegado planteando la relación trigonométrica cos a = adyacente/hipotenusa = 4/5

De alguna forma el producto interno nos dice cuánto vale el lado adyacente a a.

$$\text{adyacente} = X \,.\, Y \,/\, (||Y||)$$

Al vector Y / ||Y|| lo llamamos versor y, porque tiene longitud (norma) 1. Esto quiere decir que si queremos encontrar cuánto mide la "proyección" de un vector sobre una recta, todo lo que tenemos que hacer es multiplicarlo por el versor de esa recta

- Un caso particular, cuando $v_1 . v_2 = 0$.

Qué quiere decir que el producto de dos vectores (no nulos) sea cero ? Andá un par de párrafos más arriba y fijate la interpretación como ángulo.
Eso quiere decir que cos a = 0, o sea que a = 90 °. Eso no es otra cosa que decir que los dos vectores son perpendiculares.
Acá hay que tener cuidado. La palabra perpendicular tiene sentido si estamos hablando de R^2 o de R^3. Para dimensiones más grandes no significa nada. Por eso, para generalizar, se usa el término **ortogonal**.
Entonces, decimos que dos vectores v_1 y v_2 son ortogonales cuando $v_1 . v_2 = 0$

Por ejemplo, los vectores (1,1) y (1,-1) son ortogonales porque

$$(1,1) . (1,-1) = 1 - 1 = 0.$$

Fijate que si los dibujás en R^2, forman un ángulo de 90 grados, o sea, son perpendiculares.

Este concepto de ortogonalidad se puede extender a más de dos vectores. Si tenemos un conjunto $A = \{v_1, v_2, ..., v_n\}$, decimos que es un **conjunto ortogonal** si cualquier par de vectores de A es ortogonal entre sí. Por ejemplo, el conjunto

$$A = \{(1,2,0,3) ; (-4,2,1,0) ; (0,1,0,0)\} \text{ es ortogonal.}$$

De la mano del concepto de ortogonal, viene el de **ortonormal.** Decimos que dos vectores son ortonormales si son ortogonales y además tienen norma 1. Lo mismo vale para los conjuntos ortonormales (C.O.N.).
¿ Y cómo armamos un C.O.N ? Muy fácil, a partir de un conjunto ortogonal. Todo lo que hay que hacer es dividir todos los vectores por su norma.

Teorema: todo conjunto ortogonal que no incluya al cero es LI.
La demostración de este teorema no es muy simple, pero te la muestro así ves cómo es una demostración por el absurdo. La idea es empezar suponiendo que lo que queremos demostrar está mal, y después de varios pasos llegar a una contradicción (o sea un absurdo). Veamos:

Tenemos el conjunto $A = \{v_1, v_2, ... , v_n\}$ que es ortogonal y no incluye al cero. Ahora supongamos que es LD, o sea que podemos escribir uno de los vectores como combinación lineal de los demás, por ejemplo el último:

$$v_n = k_1 . v_1 + k_2 . v_2 + ... + k_{n-1} . v_{n-1}$$

Como el conjunto es ortogonal, el producto de v_n con cualquier otro vector v_i de A tiene que dar cero, o sea:

$$v_n \cdot v_i = k_1 \cdot v_1 \cdot v_i + k_2 \cdot v_2 \cdot v_i + \ldots + k_i \cdot v_i \cdot v_i + \ldots + k_{n-1} \cdot v_{n-1} \cdot v_i = 0$$

De vuelta, como el conjunto es ortogonal, el producto de v_i con cualquier otro vector que no sea v_i es 0; y el producto de $v_i \cdot v_i$ no es otra cosa que su norma elevada al cuadrado. Entonces, la cuenta nos queda:

$$k_i \cdot ||v_i||^2 = 0$$

Para que un producto de dos números sea cero, alguno de los dos tiene que ser cero. Pero $||v_i||^2$ no puede ser cero, porque eso significaría que $||v_i|| = 0$, o sea que es un vector de longitud cero. Y el único vector de longitud nula es el 0, y dijimos que ese vector no está en A. Entonces, $k_i = 0$.

O sea, si multiplicamos $v_n \cdot v_1$, llegamos a la conclusión de que $k_1 = 0$. Lo mismo si multiplicamos $v_n \cdot v_2$, llegamos a que $k_2 = 0$. Si hacemos eso con todos los vectores, vamos a llegar a que todos los coeficientes son cero, o sea que

$$v_n = k_1 + v_1 + \ldots + k_{n-1} \cdot v_{n-1} = 0 \cdot v_1 + \ldots + 0 \cdot v_{n-1} \quad >>>>> \quad v_n = 0$$

Y esto no puede ser (es un absurdo), porque empezamos diciendo que el cero no es un vector de A. Y donde fallamos ? Todo el procedimiento está bien, así que fallamos en suponer que el conjunto es LD. Esta es una típica demostración por el absurdo >>> todo conjunto ortogonal que no incluye al 0 es LI.

- Y de qué sirve que los conjuntos ortogonales sean LI ?
- Bueno, eso quiere decir que existen bases ortogonales (B.O.G.). Por ejemplo, las bases más comunes, las que usamos siempre: las bases canónicas, son ortonormales.
- Ah, qué bueno. Y cómo encuentro una B.O.G.
- Veamos un ejemplo:

  • Encontrar una base ortogonal del subespacio $S = \langle(1,1,-1) ; (2,2,3)\rangle$

La podemos encontrar a partir de una base cualquiera, por ejemplo, a partir de la base $B = \{(1,1,-1) ; (2,2,3)\}$

Cómo se hace? La idea es reemplazar el segundo vector por uno que sea ortogonal al primero, y que generen juntos el subespacio S. Para eso, tiene que ser una CL de los vectores de la base B, o sea:

$$v = a \cdot (1,1,-1) + b \cdot (2,2,3) = (a + 2b \, , \, a + 2b \, , \, 3b - a)$$

Como además que sea ortogonal al (1,1,-1) se tiene que cumplir que:

$v \cdot (1,1,-1) = 0 \;\Rightarrow\; a + 2b + a + 2b + a - 3b = 3a + b = 0 \;\Rightarrow\; b = -3a$

$\Rightarrow\; v = a \cdot (1,1,-1) - 3a \cdot (2,2,3) \;\Rightarrow\; v = a \cdot (-5,-5,-10) = -5a \cdot (1,1,2)$

Y cuánto vale a ? Puede valer cualquier cosa (siempre que no sea cero), porque solamente estamos buscando un vector v cualquiera que cumpla eso. Por ejemplo, si tomamos $-5a = 1$, $v = (1,1,2)$, y nos queda

B' = {(1,1,-1) ; (1,1,2)}, es una base ortogonal de S.

Se puede hacer lo mismo con subespacios de dimensión más grandes. Siempre es lo mismo: el primer vector queda igual, y reemplazamos el segundo por un vector del subespacio que sea ortogonal al primero. Ahora, reemplazamos el tercero por uno que sea ortogonal a los dos primeros, y así hasta terminar.

Complemento ortogonal

Si tenemos un subespacio S incluido en un EV V, se define el complemento ortogonal $S^{\perp}$ como el conjunto de todos los vectores de V que son ortogonales a todos los elementos de S, o sea:

$$S^{\perp} = \{X \in V \text{ tal que } X \cdot s = 0 \text{ para todo } s \in S\}$$

Un detalle importante: $S^{\perp}$ es un subespacio de V. Esto se puede verificar, fijate que cumple con las tres propiedades que vimos antes.

- Y cómo se calcula $S^{\perp}$?
- Fácil, para que un vector sea ortogonal a todos los de S (o sea para que X pertenezca a $S^{\perp}$), alcanza con que sea ortogonal a todos los generadores de S.
- Seguro? Alcanza con eso?
- Sí, porque como cualquier vector de S es CL de los generadores, el producto de X con cualquier vector $s \in S$ va a ser una CL de los productos de X con cada uno de los generadores. O sea, una suma de cero, o sea, cero. Mejor veamos un ejemplo.

• Encontrar el complemento ortogonal del SEV S = ‹(1,0,1) ; (-2,1,0)›

$X \in S^{\perp}$ si es ortogonal a esos dos vectores, o sea si:

$(x_1,x_2,x_3) . (1,0,1) = 0 \Rightarrow x_1 + x_3 = 0 \Rightarrow x_3 = -x_1$

$(x_1,x_2,x_3) . (-2,1,0) = 0 \Rightarrow - 2 x_1 + x_2 = 0 \Rightarrow x_2 = 2 x_1$

$$X = (x_1, 2x_1, -x_1) = x_1 . (1,2,-1)$$

$$S^{\perp} = \langle(1,2,-1)\rangle$$

- Listo ? Así de corto ?
- Sí, no tiene más secreto que eso. Fijate que los elementos de S son soluciones de un sistema de ecuaciones, donde los coeficientes son las componentes de los generadores de S. Eso también nos sirve para encontrar $S^{\perp}$ si nos dan a S como un sistema de ecuaciones. Por ejemplo

• Encontrar $S^{\perp}$ si $S = \{ X \in R^4$ tal que $x_1 + x_3 - x_4 = x_2 + 2x_3 = 0 \}$

Respuesta rápida: $S^{\perp} = \langle(1,0,1,-1) ; (0,1,2,0)\rangle$. Si haces todas las cuentas como en el caso anterior, vas a llegar al mismo resultado.

- Hay alguna otra relación entre S y $S^{\perp}$?
- Sí, sí, hay unas cuantas:

1) $S \cap S^{\perp} = \{0\}$. En la intersección están los vectores de S que son ortogonales a todos los elementos de S, en particular, que son ortogonales a sí mismo. Y el único vector que cumple con eso es el 0.

2) $(S^{\perp})^{\perp} = S$

3) Si S es un subespacio incluido en un espacio vectorial V, $S \oplus S^{\perp} = V$.

Proyección ortogonal

La última propiedad nos dice que podemos escribir cualquier vector v e V como suma de un vector $s \in S$ y otro $s^{\perp} \in S^{\perp}$. Incluso más, esos dos vectores son único. Bueno, a ese vector s lo llamamos proyección ortogonal de v sobre S.

La proyección ortogonal tiene una propiedad importante: es el vector de S más cercano a V, o sea que la distancia $||v-s||$ es mínima.
Mirá el gráfico.

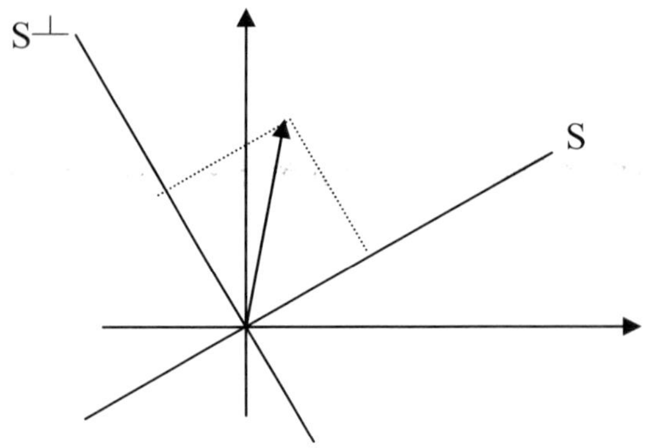

Y claro, si siempre supimos que la menor distancia a un plano o a una recta está dada por la perpendicular. Bueno, la proyección ortogonal es una generalización de esa idea a cualquier espacio R^n.

Cómo se encuentra la proyección ortogonal sobre un subespacio. La mejor explicación es con un ejemplo:

- Encontrar el vector $s \in S$ más cercano al (1,1,1) con S = <(1,0,0) ; (0,1,0)>

Lo primero que hay que hacer es encontrar una base del espacio vectorial (en este caso de R^3), que contenga una base de S y otra de $S^{\perp}$. En este caso es muy fácil, podemos tomar la base canónica.

$$B = \{(1,0,0) ; (0,1,0) ; (0,0,1)\}$$

Los dos primeros vectores forman una base de S, y el último es una base de $S^{\perp}$
El próximo paso es encontrar las coordenadas del vector en esa base. Como es la canónica, es muy fácil: las coordenadas son iguales al vector:

$$[(1,1,1)]_B = (1,1,1)$$

Entonces ya tenemos los coeficientes de la CL de los vectores de la base que da como resultado el vector (1,1,1). En otras palabras:

$$(1,1,1) = 1 . (1,0,0) + 1 (0,1,0) + 1 . (0,0,1) = (1,1,0) + (0,0,1)$$

La suma de los dos primeros da como resultado un vector de S, y el último es un vector de $S^{\perp}$. Entonces ya está, logramos escribir al vector como suma de un vector de S y otro de $S^{\perp}$; y como la suma de esos dos subespacios es directa, los vectores son únicos. Listo, ya encontramos la proyección ortogonal sobre S:

$$s = (1,1,0)$$

Coordenadas en una base ortonormal

Si $B = \{v_1, v_2, \ldots, v_n\}$ es una base de un espacio vectorial V, las coordenadas un vector $v \in V$ en esa base se calculan como:

$$[v]_B = (v \cdot v_1 , v \cdot v_2 , \ldots , v \cdot v_n)$$

Andá unas páginas más atrás hasta la parte de interpretación del producto interno como ángulo entres dos vectores, y vas a entender mejor esto.

Por último, para terminar, veamos todo un ejercicio:

- $W = \{X \in R^4 \text{ tal que } x_1 + x_3 = 0\}$
  $T = \{X \in R^4 \text{ tal que } x_2 + x_3 + x_4 - x_1 = x_1 + x_3 - x_4 = x_2 + 2x_3 + x_4 = 0\}$
  Encontrar un subespacio S tal que $S^{\perp} \oplus T = W$

Bueno, por como viene planteado el ejercicio, nos conviene primero calcular $S^{\perp}$ y después obtener S. Antes que nada, veamos qué dimensión tiene que tener. Como $S^{\perp} \oplus T = W$, la suma es directa y la fórmula de la dimensión nos dice que:

$$\text{Dim } S^{\perp} + \text{ dim } T = \text{dim } W \;\Rightarrow\; \text{dim } S^{\perp} + 1 = 3 \;\Rightarrow\; \text{dim } S^{\perp} = 2$$

Además, como la suma tiene que ser directa: $S^{\perp} \cap T = \{0\}$

Esas son las dos condiciones para $S^{\perp}$. La forma más fácil de encontrar $S^{\perp}$ es escribir una base de W que incluya una base de T. Para eso, primero tenemos que encontrar bases de los dos subespacios>

$T = \{X \in R^4 \text{ tal que } x_2 + x_3 + x_4 - x_1 = x_1 + x_3 - x_4 = x_2 + 2x_3 + x_4 = 0\}$

$x_2 + x_3 + x_4 - x_1 = 0 \;\Rightarrow\; x_1 = x_2 + x_3 + x_4$

$x_1 + x_3 - x_4 = 0 \;\Rightarrow\; x_2 + x_3 + x_4 + x_3 - x_4 = 0 \;\Rightarrow\; x_2 = -2x_3$

$x_2 + 2x_3 + x_4 = 0 \;\Rightarrow\; x_4 = 0 \;\Rightarrow\; x_1 = x_2 + x_3 = -x_3$

$$X \in T = (-x_3, -2x_3, x_3, 0) = x_3 \cdot (-1,-2,1,0)$$

X es combinación lineal de un solo vector. Como ese vector no es el cero, forma una base del subespacio. O sea que

$B = \{(-1,-2,1,0)\}$ es una base de T

Ahora lo mismo con $W = \{X \in R^4 \text{ tal que } x_1 + x_3 = 0\}$

$X \in W$ >>>> $x_1 + x_3 = 0$ >>> $x_3 = -x_1$

Entonces, un vector cualquiera X de W nos queda:

$$X = (x_1,x_2,-x_1,x_4) = x_1 \,.\, (1,0,-1,0) + x_2 \,.\, (0,1,0,0) + x_4 \,.\, (0,0,0,1)$$

Como nos quedó una combinación lineal de tres vectores que son LI (verificalo). Esos tres vectores forman una base. Entonces:

C = {(1,0,-1,0) ; (0,1,0,0) ; (0,0,0,1)} es una base de W.

Ahora tenemos que conseguir otra base de W, que contenga a una base de T. Para eso, tenemos que reemplazar uno de estos tres vectores por el (-1,-2,1,0). Fijate que este vector es CL de los dos primeros vectores, pero no del tercero (es igual dos veces el segundo menos el primero).

Entonces, OJO: no podemos reemplazar al tercer vector por el (-1,-2,1,0), porque nos quedaría un conjunto LD. La parte difícil del problema es darse cuenta de eso. Bueno, entonces reemplazamos el primer vector y nos queda:

D = {(-1,-2,1,0) ; (0,1,0,0) ; (0,0,0,1)} es una base de W

Como el primer vector es base de T y $S^{\perp} \oplus T = W$, los últimos dos vectores forman una base de $S^{\perp}$. O sea que ya encontramos $S^{\perp}$:

$$S^{\perp} = \langle (0,1,00) \,;\, (0,0,0,1) \rangle$$

Pero eso no es lo que nos piden, nos piden encontrar el subespacio S. Bueno, es el complemento ortogonal de $S^{\perp}$. La forma más fácil es expresar a S como un sistema de ecuaciones, nos queda:

$$\mathbf{S = \{ X \in R^4 \text{ tal que } x_2 = x_4 = 0 \}}$$

Y listo, se terminó el problema. Esto es todo lo que necesitás saber de espacios vectoriales. Ahora, ponerse a resolver ejercicios

---

FIN ESPACIOS VECTORIALES

EJEMPLOS SACADOS DE PARCIALES

Sean $\mathbb{S} := \{\mathbf{x} \in \mathbb{R}^4 / x_1 + x_2 - 3x_3 - x_4 = 0\}$, $\mathbb{T} = \{\mathbf{x} \in \mathbb{R}^4 / x_1 + 2x_2 + 3x_3 - 2x_4 = x_2 - x_4 = 0\}$.

Hallar una base de $\mathbb{R}^4$ que contenga a una base de $\mathbb{S}$ y a una base de $\mathbb{T}$. Encontrar las coordenadas del vector (1,–2,0,1) en dicha base.

Bueno, este ejercicio lo podemos resolver con cierta facilidad si entendemos bien lo que nos están pidiendo. Vamos a ver: si nos piden una base de $\mathbb{R}^4$ lo que tenemos que hacer es buscar 4 vectores l.i. de $\mathbb{R}^4$ (son cuatro porque las bases de subespacios de dimensión finita n tienen n vectores). El tema es que los mismos vectores agrupados de determinada manera tienen que formar una base de $\mathbb{S}$ y una de $\mathbb{T}$. Primero buscamos las bases de $\mathbb{S}$ y $\mathbb{T}$ a partir de las ecuaciones que nos dan:

$$\mathbb{S}: \quad x_4 = x_1 + x_2 - 3x_3$$
$$\Rightarrow (x_1, x_2, x_3, x_4) = (x_1, x_2, x_3, x_1 + x_2 - 3x_3) =$$
$$= x_1(1,0,0,1) + x_2(0,1,0,1) + x_3(0,0,1,-3)$$

$$B_{\mathbb{S}} = \{(1,0,0,1);(0,1,0,1);(0,0,1,-3)\}$$

$$\mathbb{T}: \quad \begin{cases} x_1 = 2x_4 - 2x_2 - 3x_3 \\ x_2 = x_4 \end{cases} \rightarrow \begin{cases} x_1 = -3x_3 \\ x_2 = x_4 \end{cases}$$

$$\Rightarrow (x_1, x_2, x_3, x_4) = (-3x_3, x_4, x_3, x_4) =$$
$$= x_3(-3,0,1,0) + x_4(0,1,0,1)$$
$$B_{\mathbb{T}} = \{(-3,0,1,0);(0,1,0,1)\}$$

$\mathbb{S}$ tiene 3 vectores en su base y $\mathbb{T}$ tiene 2, pero fijáte ahora que el $(0,1,0,1)$ se repite en ambas bases, así que si ponemos los tres vectores de la base de $\mathbb{S}$ y el vector que nos falta de la base de $\mathbb{T}$, tenemos cuatro vectores de $\mathbb{R}^4$. Para que puedan formar una base tienen que ser l.i., así que vamos a triangular para ver si no se nos elimina ninguno:

$$\begin{pmatrix} 1 & 0 & 0 & 1 \\ 0 & 1 & 0 & 1 \\ 0 & 0 & 1 & -3 \\ -3 & 0 & 1 & 0 \end{pmatrix} \xrightarrow{3F_1+F_4} \begin{pmatrix} 1 & 0 & 0 & 1 \\ 0 & 1 & 0 & 1 \\ 0 & 0 & 1 & -3 \\ 0 & 0 & 1 & 3 \end{pmatrix} \xrightarrow{F_4-F_3} \begin{pmatrix} 1 & 0 & 0 & 1 \\ 0 & 1 & 0 & 1 \\ 0 & 0 & 1 & -3 \\ 0 & 0 & 0 & 6 \end{pmatrix}$$

¡ Son todos l.i. ! Eso quiere decir que los cuatro vectores forman una base del espacio vectorial $\mathbb{R}^4$ mientras que los primeros tres son también una base de $\mathbb{S}$ y los últimos dos son una base de $\mathbb{T}$:

$$\boxed{B_{\mathbb{R}^4} = \{(1,0,0,1);(0,0,1,-3);(0,1,0,1);(-3,0,1,0)\}}$$

EJEMPLO

Sean $\mathbb{S} = \langle(0,1,-1,0);(0,1,0,1);(1,0,1,0)\rangle$ y $\mathbb{T} = \{\mathbf{x} \in \mathbb{R}^4 / x_2 - x_3 + x_4 = 0\}$.

Hallar, si es posible, subespacios $\mathbb{W}_1$, $\mathbb{W}_2$ y $\mathbb{W}_3$ tales que:

$\mathbb{W}_1 \oplus \mathbb{W}_2 = \mathbb{S}$; $\mathbb{W}_1 \oplus \mathbb{W}_3 = \mathbb{T}$ y $\mathbb{W}_2 \cap \mathbb{W}_3 \neq \{0\}$.

Bueno, bueno, este problemita es peludo. Lo primero que tenés que hacer es acordarte bien qué es una suma directa $\mathbb{V} \oplus \mathbb{V}' = \mathbb{W}$. Una suma como ésa es directa cuando los subespacios a sumar tienen por intersección únicamente al vector nulo $(0,0,0,0)$:

$$\mathbb{V} \cap \mathbb{V}' = \{\Theta\}$$

Cuando la suma es directa, la dimensión de $\mathbb{W}$ es igual a la suma de las dimensiones de $\mathbb{V}$ y $\mathbb{V}'$:

$$\dim(\mathbb{W}) = \dim(\mathbb{V}) + \dim(\mathbb{V}') - \overbrace{\dim(\mathbb{V} \cap \mathbb{V}')}^{\text{esto es cero porque la intersección es } \{\Theta\}}$$

$$\Rightarrow \dim(\mathbb{W}) = \dim(\mathbb{V}) + \dim(\mathbb{V}')$$

Volviendo al problema, como $\mathbb{S} = \mathbb{W}_1 \oplus \mathbb{W}_2$ podemos usar que $\mathbb{W}_1$ y $\mathbb{W}_2$ están incluidos en $\mathbb{S}$.

$$\mathbb{W}_1 \subset \mathbb{S} \quad \text{y} \quad \mathbb{W}_2 \subset \mathbb{S}$$

Y lo mismo podemos hacer con $\mathbb{T} = \mathbb{W}_1 \oplus \mathbb{W}_3$.

$$\mathbb{W}_1 \subset \mathbb{T} \quad \text{y} \quad \mathbb{W}_3 \subset \mathbb{T}$$

Si te fijás bien en lo que acabo de escribir, te vas a dar cuenta que $\mathbb{W}_1$ tiene que estar en la intersección de $\mathbb{S}$ y $\mathbb{T}$ porque está incluido en los dos al mismo tiempo.

$$\mathbb{W}_1 \subseteq \mathbb{S} \cap \mathbb{T}$$

Así que lo mejor que podemos hacer es empezar a buscar la intersección de $\mathbb{S}$ y $\mathbb{T}$. Ya lo debés haber hecho varias veces en la práctica, pero no está de más recordarte cómo tenés que hacer cuando querés encontrar la intersección entre dos subespacios cuando a uno te lo dan en forma de generadores y al otro en forma de ecuaciones.

Cualquier vector v que está en la intersección, tiene que poder ser escrito como una combinación lineal de los vectores de la base de $\mathbb{S}$, y, al mismo tiempo, tiene que cumplir con la ecuación de $\mathbb{T}$. Veamos qué nos sale:

$$\mathbf{v} \in \mathbb{S} \Rightarrow \qquad \mathbf{v} = (v_1, v_2, v_3, v_4) = \overbrace{\alpha(0,1,-1,0) + \beta(0,1,0,1) + \gamma(1,0,1,0)}^{\text{Combinación lineal de los vectores de la base de } \mathbb{S}}$$

$$\underline{|(v_1, v_2, v_3, v_4) = (\gamma, \alpha + \beta, -\alpha + \gamma, \beta)}$$

$$\mathbf{v} \in \mathbb{T} \Rightarrow \qquad \overbrace{v_2 - v_3 + v_4 = 0}^{\text{Ecuación de } \mathbb{T}}$$

$$\alpha + \beta + \alpha - \gamma + \beta$$

$$\underline{|\gamma = 2\alpha + 2\beta}$$

Y ahora reemplazamos γ por $2\alpha + 2\beta$ en $\mathbf{v}$:

$$\mathbf{v} = \left(2\alpha + 2\beta, \alpha + \beta, \cancel{2}\alpha + 2\beta \cancel{-\alpha}, \beta\right) =$$

$$= (2\alpha, \alpha, \alpha, 0) + (2\beta, \beta, 2\beta, \beta) = \alpha(2,1,1,0) + \beta(2,1,2,1)$$

$$\mathbb{S} \cap \mathbb{T} = \langle (2,1,1,0); (2,1,2,1) \rangle$$

Fijáte ahora que $\mathbb{S} \cap \mathbb{T}$ es de dimensión 2 (porque está generado por dos vectores l.i.), y como $\mathbb{W}_1$ está incluido en $\mathbb{S} \cap \mathbb{T}$, su dimensión tiene que ser menor o igual a 2. Antes de elegir $\mathbb{W}_1$ pensemos con cuidado. El problema te está pidiendo que la intersección entre $\mathbb{W}_2$ y $\mathbb{W}_3$ no sea el cero, o sea, $\dim(\mathbb{W}_2 \cap \mathbb{W}_3) > 0$. Como $\mathbb{W}_2$ y $\mathbb{W}_3$ son subespacios de $\mathbb{S}$ y $\mathbb{T}$ respectivamente, todos los vectores de $\mathbb{W}_2$ pertenecen también a $\mathbb{S}$, y todos los de $\mathbb{W}_3$ pertenecen a $\mathbb{T}$. En particular, todos lo vectores que estén en la intersección de $\mathbb{W}_2$ y $\mathbb{W}_3$ tienen que pertenecer a $\mathbb{S}$ y a $\mathbb{T}$ al mismo tiempo. ¡ Opa !, entonces todos lo vectores de $\mathbb{W}_2 \cap \mathbb{W}_3$ pertenecen también a $\mathbb{S} \cap \mathbb{T}$.

¿ Y para qué tanto lío ? Para que te des cuenta de que $\mathbb{W}_2 \cap \mathbb{W}_3$ es un subespacio que está incluido en $\mathbb{S} \cap \mathbb{T}$ y que tiene dimensión mayor a 0.

$$\mathbb{W}_2 \cap \mathbb{W}_3 \subseteq \mathbb{S} \cap \mathbb{T} \qquad \text{y} \qquad \dim(\mathbb{W}_2 \cap \mathbb{W}_3) > 0$$

Entonces, como antes habíamos dicho que $\mathbb{W}_1$ también estaba incluido en $\mathbb{S} \cap \mathbb{T}$, la dimensión de $\mathbb{W}_1$ tiene que ser o bien 1 (y la dimensión de $\mathbb{W}_2 \cap \mathbb{W}_3$ también es 1) o la dimensión de $\mathbb{W}_1$ es 0 y la $\mathbb{W}_2 \cap \mathbb{W}_3$ es 2. Fijáte que en los dos casos, estamos cumpliendo con lo que piden en el problema:

$$\mathbb{W}_2 \cap \mathbb{W}_3 \neq \{\Theta\}.$$

El problema lo podés terminar acá, diciendo que $\mathbb{W}_1 = \{\Theta\}$, $\mathbb{W}_2 = \mathbb{S}$ y $\mathbb{W}_3 = \mathbb{T}$ (en el enunciado no dice que no pueda ser así). Te dejo a vos para que compruebes que cumplen con todos los requisitos.
Pero vamos a seguir y vamos a elegir un $\mathbb{W}_1$ de dimensión 1. ¿ Cómo hacemos ? Simple: tomamos uno de los vectores generadores de $\mathbb{S} \cap \mathbb{T}$, cualquiera y decimos que $\mathbb{W}_1$ es el generado por ese vector. Por ejemplo, agarremos el $(2,1,1,0)$.

$$\boxed{\mathbb{W}_1 = \langle (2,1,1,0) \rangle}$$

Para encontrar $\mathbb{W}_2$ y $\mathbb{W}_3$ tenemos que empezar por asegurarnos que la intersección con $\mathbb{W}_1$ sea el cero, para que estén en suma directa. Una manera fácil de hacer esto es decir que $\mathbb{W}_2$ y $\mathbb{W}_3$ tienen que estar incluidos en el complemento ortogonal de $\mathbb{W}_1$ (Acordáte que para cualquier subespacio $\mathbb{W}$ se cumple que $\mathbb{W} \cap \mathbb{W}^{\perp} = \{\Theta\}$) ¿ Y cómo sacabas el complemento ortogonal ? Buscando todos los vectores ortogonales al generador de $\mathbb{W}_1$, o sea, todos los (x_1, x_2, x_3, x_4) que tengan producto escalar nulo con el $(2,1,1,0)$:

$$(x_1, x_2, x_3, x_4) \cdot (2,1,1,0) = 0$$

$$2x_1 + x_2 + x_3 = 0$$

$$\mathbb{W}_1^{\perp} = \{\mathbf{x} \in \mathbb{R}^4 / 2x_1 + x_2 + x_3 = 0\}$$

Vamos a buscar ahora a $\mathbb{W}_2$. ¿Cómo lo encuentro? Bueno, $\mathbb{W}_2$ tiene que estar incluido en $\mathbb{S}$ y al mismo tiempo en $\mathbb{W}_1^{\perp}$ para que la suma con $\mathbb{W}_1$ sea directa: $\mathbb{W}_2 = \mathbb{S} \cap \mathbb{W}_1^{\perp}$. Lo hacés como antes:

$$\mathbf{v} = (v_1, v_2, v_3, v_4) = (\gamma, \alpha + \beta, \gamma - \alpha, \beta)$$

$$2\gamma + \alpha + \beta + \gamma - \alpha = 0$$

$$\beta = -2\gamma$$

Y volviendo a v:

$$\mathbf{v} = (\gamma, \alpha - 2\gamma, \gamma - \alpha, -2\gamma) = \alpha(0,1,-1,0) + \gamma(1,-2,1,-2)$$

$$\boxed{\mathbb{W}_2 = \langle (0,1,-1,0);(1,-2,1-2) \rangle}$$

Para terminar, vamos a buscar los generadores de $\mathbb{W}_3$. ACORDÁTE: cuando tenés que buscar la intersección de dos subespacios que tenés dados en forma de ecuaciones, lo que tenés que hacer es juntar todas las ecuaciones.

$$\mathbf{x} \in \mathbb{W}_2 \Rightarrow \begin{cases} x_2 - x_3 + x_4 = 0 \\ 2x_1 + x_2 + x_3 = 0 \end{cases} \rightarrow \begin{cases} x_4 = 2x_1 + 2x_3 \\ x_2 = -2x_1 - x_3 \end{cases}$$

$$(x_1, x_2, x_3, x_4) = (x_1, -2x_1 - x_3, x_3, 2x_1 + 2x_3) = x_1(1,-2,0,2) + x_3(0,-1,1,2)$$

$$\boxed{\mathbb{W}_3 = \langle (1,-2,0,2);(0,-1,1,2) \rangle}$$

Así, ya tenés los tres subespacios que necesitamos. Si querés, corroborá que cumplen con todo lo que piden.

OTRO EJEMPLO

Sean $B = \{\mathbf{v}_1;\mathbf{v}_2;\mathbf{v}_3;\mathbf{v}_4\}$ y $B' = \{\mathbf{v}_1+\mathbf{v}_2;\mathbf{v}_2+\mathbf{v}_3;\mathbf{v}_4;\mathbf{v}_1\}$ dos bases del espacio vectorial $\mathbb{V}$. Si $\mathbb{S} = \langle \mathbf{v}_1; 2\mathbf{v}_2 + \mathbf{v}_3; \mathbf{v}_4 \rangle$ y $\mathbb{H}$ es el subespacio de $\mathbb{V}$ formado por todos los vectores cuyas coordenadas en la base B' son de la forma $(a,b,0,0)$, determinar la dimensión y hallar una base de $\mathbb{S} \cap \mathbb{H}$.

Nos dicen que las coordenadas en la base B' de los vectores de $\mathbb{H}$ tienen la forma $(a,b,0,0)$. Eso quiere decir que cualquier vector x de ese subespacio se puede escribir como:

$$\mathbf{x} \in \mathbb{H} \quad \rightarrow \quad \mathbf{x} = a(\mathbf{v}_1 + \mathbf{v}_2) + b(\mathbf{v}_2 + \mathbf{v}_3)$$

Por otra parte, cualquier vector x del subespacio $\mathbb{S}$ puede escribirse como una c.l. de sus generadores:

$$\mathbf{x} \in \mathbb{S} \quad \rightarrow \quad \mathbf{x} = \alpha(\mathbf{v}_1) + \beta(2\mathbf{v}_2 + \mathbf{v}_3) + \gamma(\mathbf{v}_4)$$

En particular, los vectores que estén en $\mathbb{S} \cap \mathbb{H}$ son aquellos que pueden ser escritos de ambas maneras al mismo tiempo, o sea:

$$a(\mathbf{v}_1 + \mathbf{v}_2) + b(\mathbf{v}_2 + \mathbf{v}_3) = \alpha(\mathbf{v}_1) + \beta(2\mathbf{v}_2 + \mathbf{v}_3) + \gamma(\mathbf{v}_4)$$

Distribuyendo cada producto y agrupando todo del lado derecho nos queda:

$$\Theta = \alpha\mathbf{v}_1 - a\mathbf{v}_1 + 2\beta\mathbf{v}_2 - a\mathbf{v}_2 - b\mathbf{v}_2 + \beta\mathbf{v}_3 - b\mathbf{v}_3 + \gamma\mathbf{v}_4$$

Y agrupando todo lo que multiplica a cada vector:

$$\Theta = (\alpha - a)\mathbf{v}_1 + (2\beta - a - b)\mathbf{v}_2 + (\beta - b)\mathbf{v}_3 + (\gamma)\mathbf{v}_4$$

Como estos cuatro vectores son l.i. (porque nos dicen que forman una base de $\mathbb{V}$), al igualarse una combinación lineal de ellos al vector nulo los coeficientes que los multiplican deben ser cero.

$$\begin{cases} \alpha - a = 0 \quad \rightarrow \quad \alpha = a \\ 2\beta - a - b = 0 \\ \beta - b = 0 \quad \rightarrow \quad \beta = b \\ \gamma = 0 \end{cases}$$

Reemplazando lo que obtuvimos en la primera y tercera ecuación en la segunda, sacamos que $a = b$, o lo que es lo mismo: $\alpha = \beta$ y $\gamma = 0$. Reemplazando esto en las expresiones que sacamos antes nos queda que:

$$\mathbf{x} = a(\mathbf{v}_1 + \mathbf{v}_2) + a(\mathbf{v}_2 + \mathbf{v}_3) = a(\mathbf{v}_1 + 2\mathbf{v}_2 + \mathbf{v}_3)$$

Fijáte que es lo mismo reemplazar α, β y γ en la otra expresión. Esto quiere decir que $\mathbb{S} \cap \mathbb{H}$ es el subespacio generado por el vector $\mathbf{v}_1 + 2\mathbf{v}_2 + \mathbf{v}_3$. Entonces la base que nos piden es:

$$\boxed{B_{\mathbb{S}\cap\mathbb{H}} = \{\mathbf{v}_1 + 2\mathbf{v}_2 + \mathbf{v}_3\}}$$

De donde deducimos que $\boxed{\dim(\mathbb{S} \cap \mathbb{H}) = 1}$ porque es un subespacio generado por un único vector.

OTRO EJEMPLO SACADO DE UN PARCIAL

Sean $\mathbb{W} = \{\mathbf{x} \in \mathbb{R}^4 / x_1 + x_3 = 0\}$

y $\mathbb{T} = \{\mathbf{x} \in \mathbb{R}^4 / -x_1 + x_2 + x_3 + x_4 = x_1 + x_3 - x_4 = x_2 + 2x_3 + x_4 = 0\}$.

Hallar, si es posible, un subespacio $\mathbb{S}$ tal que $\mathbb{S}^\perp \oplus \mathbb{T} = \mathbb{W}$.

En este ejercicio lo más fácil es empezar por encontrar a $\mathbb{S}^\perp$ y luego buscar su complemento ortogonal que es el subespacio que nos piden, o sea $\mathbb{S}$. Hallemos una base de $\mathbb{W}$ y una de $\mathbb{T}$.
De la ecuación de $\mathbb{W}$ sacamos que $x_1 = -x_3$, o sea que sus vectores son los que tienen la forma $X = (x_1, x_2, -x_1, x_4)$.

$$X = x_1(1,0,-1,0) + x_2(0,1,0,0) + x_4(0,0,0,1)$$

$$\mathbb{W} = \langle (1,0,-1,0);(0,1,0,0);(0,0,0,1) \rangle$$

Hagamos un despeje similar sobre las ecuaciones de $\mathbb{T}$:

$$\begin{cases} x_1 = x_2 + x_3 + x_4 \\ x_4 = x_1 + x_3 \\ x_2 = -2x_3 - x_4 \end{cases}$$

Reemplazando la tercera ecuación el la primera sacamos que $x_1 = -x_3$. Poniendo este resultado en la segunda ecuación sabemos que $x_4 = 0$, y si llevamos esto a la tercera nos queda que $x_2 = -2x_3$. En definitiva, los vectores de $\mathbb{T}$ son los que tienen la forma:

$$X = (-x_3, -2x_3, x_3, 0) = x_3(-1,-2,1,0)$$

$$\mathbb{T} = \langle (-1,-2,1,0) \rangle$$

Averigüemos la dimensión de $\mathbb{S}^\perp$. Tras haber encontrado sus bases, sabemos que $\dim(\mathbb{W}) = 3$ y que $\dim(\mathbb{T}) = 1$, así que podemos aplicar el Teorema de la Dimensión:

$$\dim\left(\mathbb{S}^{\perp}\right)=\overbrace{\dim\left(\mathbb{W}\right)}^{3}-\overbrace{\dim\left(\mathbb{T}\right)}^{1}=2$$

Siendo $\mathbb{S}^{\perp}$ un subespacio de dimensión 2, tenemos que encontrar dos vectores de $\mathbb{R}^4$ que estén incluidos en $\mathbb{W}$ y que sean l.i. con el generador de $\mathbb{T}$. Esto lo podemos hacer a ojo, sacándolos de entre los generadores de $\mathbb{W}$, por ejemplo $(0,1,0,0)$ y $(0,0,0,1)$ cumplen con lo que necesitamos (chequeálo). Así, nuestro subespacio $\mathbb{S}^{\perp}$ es el:

$$\mathbb{S}^{\perp}=\left\langle(0,1,0,0);(0,0,0,1)\right\rangle$$

Los vectores de su complemento ortogonal ($\mathbb{S}$) son todos los X cuyo producto escalar con los generadores de $\mathbb{S}^{\perp}$ da cero:

$$(x_1,x_2,x_3,x_4)\cdot(0,1,0,0)=0 \quad\Rightarrow\quad x_2=0$$

$$(x_1,x_2,x_3,x_4)\cdot(0,0,0,1)=0 \quad\Rightarrow\quad x_4=0$$

Ésas son las ecuaciones del subespacio que nos piden, por lo tanto:

$$\boxed{\mathbb{S}=\left\{\mathbf{x}\in\mathbb{R}^4 \,/\, x_2=x_4=0\right\}}$$

¿ Viste algo en este libro que no está bien ?
¿ Hay algo que te parece que habría que cambiar ?
¿ Encontraste algún error ?
¿ Hay algo mal explicado ?

Mandame un mail y lo corrijo.

www.asimov.com.ar

OTROS APUNTES ASIMOV

* EJERCICIOS RESUELTOS DE LA GUIA DE ALGEBRA.
  Son todos los ejercicios de la guía resueltos y explicados

* PARCIALES RESUELTOS
  Son parciales que fueron tomados el año pasado. Hay también parciales de años anteriores.Todos los ejercicios están resueltos.

* FINALES DE ALGEBRA RESUELTOS

* LIBRO ANALISIS PARA EL CBC

* LIBRO FISICA PARA EL CBC

* LIBRO QUIMICA PARA EL CBC

Índice

Pág.

Vectores en R2 y en R3

4....................Operaciones con vectores
8 Módulo y Norma de un vector
11..................Producto escalar
16 Producto Vectorial
20..................Rectas
22 Intersección de Rectas
25..................Angulo entre Rectas
27 Planos
31..................Planos paralelos – Intersección entre planos
32 Intersección entre un plano y una recta
34..................Distancia de un punto a un plano
36 Ejercicios de parciales

Sist. lineales – Matrices

44...................Sistemas compatibles e incompatibles
45 Sistemas Lineales Homogéneos
46...................Matrices
47 Tipos de Matrices
48...................Propiedades de los sistemas lineales
51 Método de Gauss
53...................Rango de una Matriz
53 Sistemas Li y Ld
55...................Operaciones entre Matrices
58 Inversa de una Matriz
61...................Ejercicios de parciales

Determinantes

72..................Determinante de una matriz cuadrada
74 Propiedades de los determinantes
75..................Desarrollo por cofactores
76 Cálculo del determinante de una matriz usando cofactores
78..................Regla de Cramer
78 Matriz de cofactores y matriz adjunta
79..................Solución única
82 Ejercicios de parciales

Espacios Vectoriales

88..................Definición de Espacio Vectorial
91 Combinación Lineal
93..................Dependencia e Independencia lineal
102 Subespacios
106..................Subespacios generados
109 Base y dimensión de un Subespacio
113..................Coordenadas de un vector en una base
118 Matriz de cambio de base
120..................Propiedades de la matriz de cambio de base
121 Unión, Intersección y Suma de Subespacios
126..................Suma directa
127 Extensión de bases
130..................Producto Interno
131 Angulo entre vectores
134..................Complemento Ortogonal
135 Proyección Ortogonal
137..................Coordenadas en una base ortonormal
139 Ejercicios de parciales

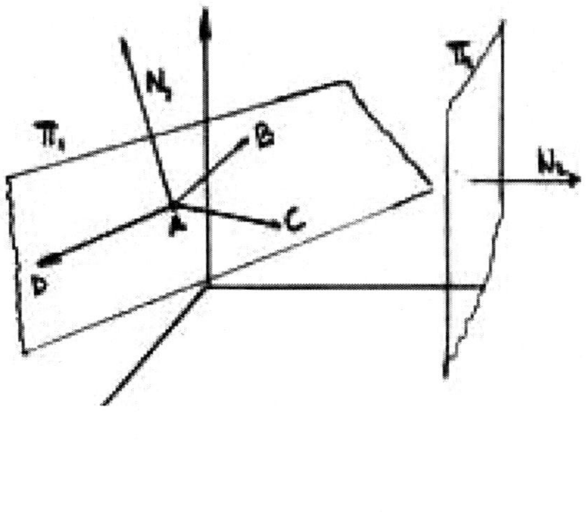

Made in United States
North Haven, CT
08 November 2026

21928350R00089